U0338431

"十三五"国家重点出版物出版规划项目
气候变化对我国主要粮食作物影响研究丛书

气候变化对中国 东北玉米影响研究

Climate Change Impacts on Maize Production in Northeast China

杨晓光　刘志娟　赵　锦　著

气象出版社
China Meteorological Press

内 容 简 介

本书以气候变化对东北三省玉米影响为主线,分析了东北三省玉米生长季农业气候资源变化特征,明确了气候变化对玉米种植北界的影响,定量了温度和降水因子变化以及干旱和低温冷害对玉米产量的影响程度,揭示了玉米产量差及限制因子和产量提升空间,提出了不同产量水平优势布局空间。

本书内容系统性和创新性很强,可供高等院校、科研机构、气象与农业管理部门的科技工作者及关注气候变化与玉米生产的有关人员参考。

图书在版编目(CIP)数据

气候变化对中国东北玉米影响研究 / 杨晓光,刘志娟,赵锦著. — 北京:气象出版社,2018.8
ISBN 978-7-5029-6828-1

Ⅰ. ①气…　Ⅱ. ①杨… ②刘… ③赵…　Ⅲ. ①气候变化-影响-玉米-植物生长-研究-东北地区　Ⅳ.
①S162.5②S513

中国版本图书馆 CIP 数据核字(2018)第 195506 号

出版发行:**气象出版社**

地　　址:北京市海淀区中关村南大街 46 号　　　　邮政编码:100081
电　　话:010-68407112(总编室)　010-68408042(发行部)
网　　址:http://www.qxcbs.com　　　　**E-mail:**　qxcbs@cma.gov.cn
责任编辑:张　斌　　　　　　　　　　　　终　　审:吴晓鹏
责任校对:王丽梅　　　　　　　　　　　　责任技编:赵相宁
封面设计:博雅思企划
印　　刷:北京地大彩印有限公司
开　　本:787 mm×1092 mm　1/16　　　　印　　张:11
字　　数:275 千字
版　　次:2018 年 8 月第 1 版　　　　　　印　　次:2018 年 8 月第 1 次印刷
定　　价:70.00 元

序

联合国政府间气候变化专门委员会(IPCC)第五次评估报告指出，气候系统变暖是毋庸置疑的。自 20 世纪 50 年代以来，观测到的许多变化与几十年乃至上千年时间的变化相比都是前所未有的。过去三个十年的地表温度已连续偏暖于 1850 年以来的任何一个十年。在北半球，1983—2012 年可能是过去 1400 年中最暖的 30 年。我国《第三次气候变化国家评估报告》指出，中国最新的百年器测气温序列显示，近百年来(1909—2011 年)中国陆地区域平均增温 0.9～1.5℃，最近五六十年年平均温度上升速率高于全球水平，且北方增温大于南方，冷季大于暖季，夜间大于白天。中国区域极端天气气候事件发生频率增加，华北、东北和西北东部地区干旱趋势明显。未来中国陆地区域气温将继续上升，到本世纪末可能增温幅度为 1.3～5.0℃。

气候变暖使热量资源增加，利于种植制度调整，中晚熟作物播种面积增加，但气候变化对农业的不利影响更明显和突出，农业灾害加重，中国粮食生产面临着更大挑战。

东北地区是我国玉米主产区，也是我国气候变化敏感区之一。2015 年统计资料显示，东北三省玉米播种面积及产量分别占全国玉米的 33.3% 和 42.8%，该区域玉米产量高低直接关系到我国玉米的粮食安全。

杨晓光教授团队针对气候变化对东北玉米影响开展研究，在气候变化背景下东北三省不同熟型玉米品种种植界限、气候变化对玉米产量正负影响、干旱和冷害对玉米影响程度等方面取得创新的研究成果和进展。为我国东北地区制定农业应对气候变化相关政策、农业应对气候变化的途径等方面提供了科学依据，也丰富了我国气候变化对农业影响研究的实践。

本书既是作者团队气候变化对东北地区玉米影响研究的阶段性成果，也是《气候变化对我国粮食作物影响研究》系列丛书的第一部著作，我们期待作者团队在气候变化对我国粮食作物影响研究方面取得更大的进展。

中国农业科学院农业气象学科首席专家

2018 年 8 月

前　　言

　　东北三省是我国玉米主产区,也是我国受气候变化影响的敏感区域之一。2015 年统计资料显示,东北三省玉米播种面积及产量分别占全国玉米总播种面积和总产量的 33.3% 和 42.8%,其玉米丰歉直接关系到我国玉米的粮食安全。全球气候变化背景下,东北玉米生产受到怎样的影响? 目前和未来如何应对气候变化? 这是学术界和农业生产部门十分关心的问题。

　　我们研究团队主要从种植制度界限、作物布局、产量三个层次开展气候变化影响,以及通过品种调整和农业措施适应气候变化和农业灾害方面的研究,幸运的是,我们先后得到 973 项目"主要粮食作物高产栽培与资源高效利用的基础研究"(2009CB118608)、全球变化专项"气候变化对我国粮食生产系统的影响机理及适应机制研究"(2010CB951502)、"十二五"国家科技支撑计划"北方突发性灾害应急防控技术集成与示范"(2012BAD20B04)、国家自然科学基金项目(31471408 和 41401049)、"十三五"国家重点研发计划项目"粮食作物产量与效率层次差异及其丰产增效机理"(2016YFD0300101)和"玉米生产系统对气候变化的响应机制及其适应性栽培途径"(2017YFD0300301)等科研项目的支持,这些项目研究内容非常丰富,且各有侧重,我们团队紧密围绕气候变化对种植制度和作物体系的影响与适应这一核心开展研究,并在气候变化和灾害对我国种植制度界限、作物布局和主要粮食作物产量的影响,以及作物对气候变化适应方面取得一系列阶段性进展。本书入选了"十三五"国家重点出版物出版规划项目,作为"气候变化对主要粮食作物影响研究"丛书的第一部,集中反映气候变化对我国东北玉米影响研究的阶段性成果。希望抛砖引玉,为进一步深入开展气候变化对东北玉米影响以及适应研究提供参考。

本团队自 2009 年开始在吉林省梨树县中国农业大学吉林梨树实验站开展田间试验研究,实验站不仅为我们的科研提供了基础数据资料和实证研究,也为团队成员了解生产实际、展示适应措施提供了广阔的平台。当地农业科技人员和农民朋友对科学技术的渴望与需求,不断地鞭策和鼓励我们持续深入开展研究。

全书从气候变化背景下农业气候资源、种植界限、产量及限制因素解析、干旱和冷害影响等几个方面,论述了气候变化和灾害对东北三省玉米的影响以及玉米生产对气候变化的适应。全书由杨晓光教授主持编写并统稿,其中第 1 章由杨晓光、赵锦、刘志娟撰写;第 2 章由杨晓光、刘志娟、赵锦撰写;第 3 章由赵锦撰写;第 4 章由杨晓光、赵锦、刘志娟撰写;第 5 章由杨晓光、刘志娟、赵锦、吕硕撰写;第 6 章由刘志娟撰写;第 7 章由杨晓光、董朝阳、刘志娟、张梦婷撰写;第 8 章由赵锦撰写;第 9 章由杨晓光、赵锦撰写。

本团队成员刘志娟、赵锦、吕硕、董朝阳、高继卿、何斌、刘涛、李克南、王静、慕臣英、孙爽、郑冬晓、王晓煜、王春雷、陈福生、张方亮、刘子琪、张梦婷、白帆、万能涵、陈曦、郭尔静等同学先后参与本研究以及吉林梨树田间试验工作,特此感谢。

由于研究的阶段性以及研究内容本身的复杂性,气候变化对东北玉米生产的影响以及玉米生产对气候变化适应领域研究和认识还有待不断深入,本书不足和疏漏之处在所难免,恳切同行批评指正。

中国农业科学院农业环境与可持续发展研究所林而达先生对本书提出大量的宝贵修改意见,特此致谢。

著者

2018 年 1 月

目　　录

第1章 绪 论

1.1 东北三省概况和农业生产现状

1.1.1 东北三省概况

（1）行政区和地理位置

东北三省包括黑龙江省、吉林省和辽宁省，地处我国东北部，位于山海关以东以北地区，在东北亚中央，与俄罗斯、朝鲜为邻，并邻近日本和韩国。全境位于 $115°30'\sim135°10'E$ 之间和 $38°43'\sim53°35'N$ 之间，以三江平原和松嫩平原为主构成了我国重要的粮食产区，土地总面积约 80 万 km^2，占全国国土面积的 8.2%，对保障国家粮食安全具有极为重要且不可替代的作用和地位（石玉林，2004）。

（2）气候资源特征

东北三省属温带大陆性季风气候，四季分明、雨热同期，昼夜温差大。根据 1961—2010 年气候资料统计结果显示，$\geqslant10℃$ 积温为 $1680\sim3850℃\cdot d$；年降水量为 $300\sim1200\ mm$，大部分地区在 $450\sim850\ mm$ 之间，整体趋势为自东向西逐渐递减；无霜期较短，黑龙江省多在 $100\sim140\ d$，吉林省为 $110\sim150\ d$，辽宁省为 $130\sim200\ d$；年总辐射量为 $4100\sim5400\ MJ/m^2$，年日照时数为 $2200\sim3000\ h$，日照百分率为 51%~67%，自北向南、自东到西呈增加趋势（郭建平等，2016）。

（3）水资源状况

水资源与人类生存、发展和一切经济活动密切相关（刘卓等，2006）。东北三省地处松辽流域，与松花江区和辽河区两个一级水资源分区基本吻合。根据《2016 年中国水资源公报》统计数据，2016 年松辽流域全年水资源总量为 1973.8 亿 m^3，占全国水资源总量的 6.1%，其中松花江流域是东北三省水资源总量最丰富的地区，为 1484.0 亿 m^3，占全国水资源总量的 4.6%；松辽流域全年地表水和地下水资源量分别为 1664.1 亿和 709.0 亿 m^3，分别占全国地表水和地下水资源总量的 5.3% 和 8.0%；流域年降水量平均为 563.3 mm，低于全国平均值 730.0 mm（表 1.1）（中华人民共和国水利部，2016）。

表 1.1　2016 年水资源一级区水资源量

水资源一级区	降水量 （mm）	地表水资源量 （亿 m³）	地下水资源量 （亿 m³）	地下水与地表水资源不重复量 （亿 m³）	水资源总量 （亿 m³）
松花江区	523.7	1278.8	497.0	205.2	1484.0
辽河区	602.9	385.3	212.0	104.4	489.8
松辽流域	563.3	1664.1	709.0	309.6	1973.8
全国	730.0	31273.9	8854.8	1192.5	32466.4

（4）地形地貌及土壤类型

东北三省地形以平原和山地为主。其中,长白山和大、小兴安岭是东北生态系统的重要天然屏障;东北平原主要由三江平原、松嫩平原和辽河平原组成,是我国面积最大的平原。其中,三江平原又称三江低地,位于黑龙江、松花江、乌苏里江汇流处;松嫩平原由松花江和嫩江平原构成;辽河平原位于辽东丘陵与辽西丘陵之间,铁岭彰武之南,直至辽东湾。松花江、东辽河、西辽河、鸭绿江等主要河流发源于此,具有巨大的经济价值和生态价值。

东北三省土壤肥沃,土层深厚。土壤类型主要包括黑土、黑钙土、白浆土、草甸土、沼泽土等(杨镇等,2007),分布特征为:

黑龙江省:哈尔滨、阿城、肇东、双城、呼兰、兰西、五常、宾县东南部和肇州、肇源东部大部地区为黑土;齐齐哈尔、甘南、龙江、富裕、泰来、杜尔伯特、安达、肇州和肇源的西北部,土壤多为风沙土和盐碱土;明水、望奎、绥化、庆安、巴彦、木兰等地以及五常中部土壤为黑土、暗棕壤为主。

吉林省:吉林省土壤类型主要有棕壤、暗棕壤、白浆土、黑土、黑钙土、栗钙土,还有盐土、碱土、草甸土、新积土、沼泽土、泥炭土、风砂土和石灰岩。吉林东部土壤以暗棕壤和白浆土为主,间有草甸土、沼泽土、泥炭土;中部台地平原区以土体深厚、有机质丰富、结构良好、自然肥力高的黑土为主,有草甸黑土、草甸土、新积土等零星分布;西部亚湿润平原区土壤分布以黑钙土为主,间有盐土、碱土、黑土及草甸土等。

辽宁省:辽宁中北部平原区土壤肥沃,地形平坦,土壤主要有草甸土、棕壤、碳酸盐草甸土;辽东土壤肥力最高,地形以山地和丘陵为主,土壤以棕壤为主,山间平地和河谷地为草甸土;辽南土壤以棕壤为主;辽西土壤肥力相对较低,土壤以棕壤、褐土为主,也有部分碳酸盐草甸土。

1.1.2　东北三省农业生产现状

（1）基本概况

东北三省陆地面积 80 万 km²,占全国国土面积的 8.4%;其中,黑龙江省、吉林省和辽宁省陆地国土面积分别为 46 万、19 万和 15 万 km²,分别占全国国土总面积的 4.9%、2.0% 和1.5%(图 1.1a)。

截至 2015 年底,东北三省总人口 1.09 亿,占全国总人口 13.7 亿的 8.0%;其中,黑龙江省、吉林省和辽宁省总人口分别为 3812 万、2753 万和 4382 万,分别占全国总人口的 2.8%、2.0% 和 3.2%(图 1.1b)(中华人民共和国国家统计局,2016)。

2015 年,东北三省粮食总产量 1.20 亿 t,占全国的 19.3%;其中,黑龙江省、吉林省和辽宁省粮食总产量分别为 6324.0 万、3647.0 万和 2002.5 万 t,分别占全国的 10.2%、5.9% 和

3.2%(图1.1c)(中华人民共和国国家统计局,2016)。

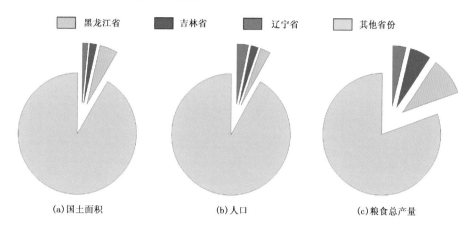

图1.1 东北三省面积、人口和粮食总产量占全国比例

（2）农业经济

东北三省地域辽阔、土地肥沃,为农林牧渔业提供了优越的发展条件。东北三省作为国家的重要粮食生产基地,承担着粮食储备及特殊调剂任务,为支援国家建设和保持社会稳定做出了重要贡献(唐华俊等,2014)。2015年,东北三省生产总值为57815.8亿元,占全国生产总值的8.4%,其中,东北三省农业总产值12612.2亿元,占东北三省生产总值的21.8%,占全国农业总产值的11.8%。东北三省农业产值的组成中,种植业、林业、牧业产值在全国的比重分别为11.1%、10.8%和15.1%,均高于东北三省生产总值在全国的比例;渔业产值在全国的比例为7.8%(表1.2)。黑龙江、吉林和辽宁三省之间经济总量差异明显,辽宁省生产总值最高,为28669.0亿元,约为黑龙江省和吉林省生产总值之和(29146.8亿元);但辽宁省农业产值占其生产总值的比例最低,为16.3%,黑龙江省和吉林省农业产值占总产值的比例分别为33.4%和20.5%(中华人民共和国国家统计局,2016)。

表1.2 2015年东北三省农业经济状况 （单位:亿元）

	生产总值	农业产值	种植业产值	林业产值	牧业产值	渔业产值	农业比重(%)
黑龙江省	15083.7	5044.9	2911.9	204.2	1704.8	117.6	33.4
吉林省	14063.1	2880.6	1400.4	109.8	1244.9	39.9	20.5
辽宁省	28669.0	4686.7	2068.6	166.1	1561.4	689.8	16.3
东北三省合计	57815.8	12612.2	6380.9	480.1	4511.1	847.3	21.8
全国	685505.8	107056.4	57635.8	4436.4	29780.4	10880.6	15.6
占全国比例(%)	8.4	11.8	11.1	10.8	15.1	7.8	—

（3）农业资源现状

东北三省地处我国中高纬度地区,气候温凉,种植制度基本为一年一熟。根据《中国统计年鉴·2016》(中华人民共和国国家统计局,2016),2015年东北三省耕地面积2783.0万 hm²,占全国总耕地面积的20.6%,其中旱地面积占三省耕地面积的80%以上。三省粮食作物播种面积2014.1万 hm²,主要粮食作物包括水稻、玉米、豆类和薯类等,此外,有少量的小麦分布;黑龙江省的粮食作物播种面积最大,占三省总播种面积的58.4%,吉林省次之,占25.2%,辽宁省最小(表 1.3)。

表 1.3　2015 年东北三省主要粮食作物播种面积

省份	项目	粮食作物	玉米	水稻	豆类	薯类	小麦
黑龙江省	播种面积(万 hm²)	1176.5	582.1	314.8	247.6	21.5	7.1
	占东北三省比例(%)	58.4	48.4	70.7	86.1	58.2	92.3
吉林省	播种面积(万 hm²)	507.8	380.0	76.2	28.5	7.1	0.03
	占东北三省比例(%)	25.2	31.6	17.1	9.9	19.3	0.4
辽宁省	播种面积(万 hm²)	329.7	241.7	54.5	11.5	8.3	0.6
	占东北三省比例(%)	16.4	20.1	12.2	4.0	22.4	7.3
东北三省	播种面积(万 hm²)	2014.1	1203.8	445.4	287.5	36.9	7.7

《中国统计年鉴·2016》显示,东北三省主要种植的粮食作物中,玉米的播种面积最大,为 1203.8 万 hm²,三省玉米播种面积由大到小依次为黑龙江省(582.1 万 hm²)、吉林省(380.0 万 hm²)、辽宁省(241.7 万 hm²);水稻和豆类作物主要分布于黑龙江省,播种面积分别为 314.8 和 247.6 万 hm²,吉林省水稻和豆类作物播种面积分别为 76.2 万和 28.5 万 hm²,辽宁省水稻和豆类作物播种面积分别为 54.5 万和 11.5 万 hm²;小麦在东北三省播种面积较小,为 7.7 万 hm²,且 92.3%分布于黑龙江省,吉林省几乎无小麦种植,辽宁省小麦播种面积仅为 0.6 万 hm²。

东北三省经济作物主要包括油料(主要为花生和油菜籽)、糖料(甜菜)、棉花、麻类、烟叶、药材、蔬菜、瓜果、青饲料等(图 1.2)。从经济作物的种植结构来看(表 1.4),油料作物和蔬菜作物播种面积较大,分别为 64.91 万和 94.58 万 hm²,分别占全国播种面积的 4.62% 和 4.30%。油料作物主要以花生为主,播种面积为 46.81 万 hm²,占全国播种面积的 10.14%;瓜果、药材、烟叶、青饲料和糖料(甜菜)播种面积次之,分别为 15.38 万、7.13 万、5.04 万、4.82 万和 0.45 万 hm²,分别占全国播种面积的 6.03%、3.49%、3.84%、2.41% 和 0.26%;棉花和麻类作物在东北三省播种面积最小,分别为 0.01 万和 0.30 万 hm²,仅占全国播种面积的 0.003% 和 3.69%。

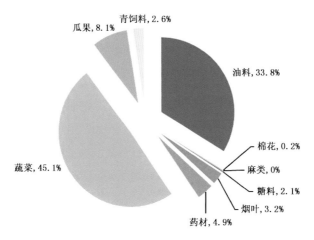

图 1.2　东北三省经济作物播种面积比例

从东北三省种植现状来看(表1.4),油料作物(主要为花生和油菜籽)主要分布于辽宁省,播种面积为28.53万 hm^2,占东北三省播种面积的43.95%;棉花仅在辽宁省有少量种植,播种面积为0.01万 hm^2;麻类作物仅在黑龙江省种植,播种面积为0.30万 hm^2;糖料主要分布于黑龙江省和辽宁省,播种面积分别为0.21万和0.18万 hm^2,占东北三省播种面积的46.67%和40.00%;烟叶主要分布于黑龙江省,播种面积为2.50万 hm^2,占东北三省播种面积的49.60%;蔬菜主要分布于辽宁省内,播种面积为50.00万 hm^2,占东北三省播种面积的52.87%;青饲料作物主要分布于黑龙江省,播种面积为2.53万 hm^2,占东北三省播种面积的52.49%;药材和瓜果在东北三省内播种面积基本相同。

表1.4 2015年东北三省主要经济作物播种面积

省份	项目	油料	棉花	麻类	糖料	烟叶	药材	蔬菜	瓜果	青饲料
黑龙江	播种面积(万 hm^2)	9.46	—	0.30	0.21	2.50	2.15	24.53	4.50	2.53
	占东北三省比例(%)	14.57		100.00	46.67	49.60	30.15	25.94	29.26	52.49
吉林	播种面积(万 hm^2)	26.92	—	—	0.06	1.56	2.68	20.05	4.68	0.20
	占东北三省比例(%)	41.47			13.33	30.95	37.59	21.20	30.43	4.15
辽宁	播种面积(万 hm^2)	28.53	0.01	—	0.18	0.98	2.30	50.00	6.20	2.09
	占东北三省比例(%)	43.95	100.00		40.00	19.44	32.26	52.87	40.31	43.36
东北三省合计	播种面积(万 hm^2)	64.91	0.01	0.30	0.45	5.04	7.13	94.58	15.38	4.82
	占全国比例(%)	4.62	0.003	3.69	0.26	3.84	3.49	4.30	6.03	2.41

(4)生产条件

东北三省人均耕地占有量为0.26 hm^2,是全国人均耕地占有量(0.099 hm^2)的2.63倍(中华人民共和国国家统计局,2016),且耕地平坦、集中连片,拥有黑龙江、松花江、辽河等河流以及镜泊湖、兴凯湖、月亮泡等湖泊,为区域农业生产提供了基础条件。数十年来,东北三省农业机械化也得到了较快发展,为集约化、高效生产提供了重要保障。此外,东北三省还拥有一大批农林科研院所和高校,构成了多层次、多学科的农业科技网络和体系,为东北地区粮食生产提供了强有力的科技支撑(唐华俊等,2014)。

然而,东北三省的农业生产条件仍存在诸多限制因素:

1)农业机械化水平较高,但分布不均匀

东北三省是我国农业机械化发展最早、基础条件最好的地区之一(张勋,2006)。根据《中国农村统计年鉴》数据,2016年东北三省大中型拖拉机拥有量达181.8万台,占全国大中型拖拉机总量的28.2%,农业机械总动力达10908.1万 kW;黑龙江省农业机械化的覆盖面积高达80%以上,集中在大型国有农场。然而,在东北三省的西部和东部山区农业机械化水平相对较低,如辽西地区平均农机动力仅相当于东北三省平均水平的50%左右(国家统计局农村社会经济调查司,2017)。

2)粮食中低产田比例大

尽管东北三省农业资源丰富,土壤肥沃,是世界三大黑土区之一,但土地退化、中低产田比例较高仍然制约了粮食生产能力。已有研究(方琳娜等,2015)表明,1990—2010年东北三省耕地中低产田面积在50%以上。东北三省中低产田改良潜力大,但目前耕地质量下降迅速,区域中低产田改造局势不容乐观(表1.5)。

表 1.5　1990—2010 年东北三省中低产田面积（方琳娜等，2015）

耕地类型	区域	1990 年		1995 年		2000 年		2005 年		2010 年	
		面积（万 hm²）	比例（%）	面积（万 hm²）	比例（%）	面积（万 hm²）	比例（%）	面积（万 hm²）	比例（%）	面积（万 hm²）	比例（%）
中产田	黑龙江	321.62	47.06	376.93	54.24	320.13	57.84	502.51	51.99	487.27	44.08
	吉林	165.13	41.92	112.40	28.43	214.84	53.49	568.88	11.93	122.08	22.85
	辽宁	186.04	53.85	215.66	63.96	141.50	38.79	164.66	35.61	160.70	34.28
	东北三省	672.79	47.28	704.99	49.39	676.47	51.25	1236.05	37.99	770.06	36.52
低产田	黑龙江	223.90	32.76	93.52	13.46	178.10	32.18	133.21	13.78	140.14	12.68
	吉林	139.80	3.55	44.41	11.23	31.78	7.91	9.32	1.95	24.34	4.56
	辽宁	377.45	10.92	35.52	10.53	100.02	27.42	0	0	0	0
	东北三省	741.15	19.37	173.45	12.15	309.92	23.48	142.53	7.48	164.48	7.80

3）农业生产基础设施薄弱

东北三省地广人稀，农村基础设施建设投入一直不足，特别是农田水利工程投资偏重于大型水利工程建设，水土匹配系数低于全国平均水平（刘彦随等，2006）。2016 年，东北三省有效灌溉面积仅占全国有效灌溉面积的 14%（图 1.3）（国家统计局农村社会经济调查司，2017）。由于农业基础设施薄弱，粮食"露天囤"、农田水利设施建设滞后，农业生产靠天吃饭的状况十分突出，农业抗御自然灾害的能力有待提升。

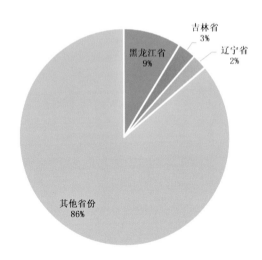

图 1.3　东北三省农田有效灌溉面积占全国比例

1.1.3　东北三省玉米生产现状

玉米是世界上种植最为广泛的谷物作物，是食品、饲料、发酵工业和化工产品的重要原料，在全球粮食安全和国民经济发展中具有举足轻重的地位。我国作为世界玉米生产大国，2013 年玉米种植面积达 3495 万 hm²，总产达 20560 万 t，种植面积和总产仅次于美国，居世界第二位（李强，2013）。东北三省是我国玉米主产区，在我国玉米生产中占有举足轻重的地位。

1961—2015 年,东北三省玉米播种面积、单产和总产均呈现显著的增加趋势。玉米播种面积由 1961 年的 340 万 hm² 增加到 2015 年的 1203 万 hm²,55 年中增加了 2.5 倍;玉米单产由 1961 年的 1321.95 kg/hm² 增加到 2015 年的 6426.40 kg/hm²,55 年中增加了约 3.8 倍;玉米总产由 1961 年的 431.20 万 t 增加为 2015 年的 7753.37 万 t,55 年中增长了 17.0 倍,特别是 2000 年后增长最为明显(图 1.4)。

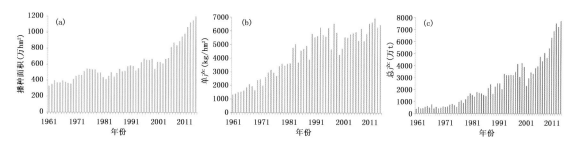

图 1.4　1961—2015 年东北三省玉米播种面积(a)、单产(b)和总产(c)变化

(注:数据来源于中国种植业信息网)

2001—2015 年,东北三省玉米播种面积占全国玉米播种面积的比例由 26.0% 增加至 33.3%,2015 年东北三省玉米总产量占全国玉米总产量的 42.8%(图 1.5)。2015 年全国玉米播种面积排名前 10 的省份如表 1.6,黑龙江省、吉林省和辽宁省玉米播种面积分别位居全国的第一、第二和第七位,因此,东北三省玉米产量的丰歉直接影响全国玉米的总产量。

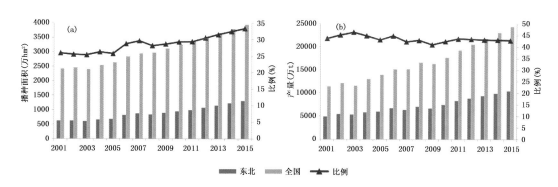

图 1.5　2001—2015 年东北三省玉米播种面积(a)和产量(b)及其占全国的比例

(注:数据来源于中国种植业信息网)

表 1.6　2015 年全国玉米播种面积及排名　　　　　　　　　　(单位:万 hm²)

排名	省份	面积	排名	省份	面积
1	黑龙江	582	6	山东	317
2	吉林	380	7	辽宁	241
3	内蒙古	341	8	山西	168
4	河南	334	9	云南	152
5	河北	325	10	四川	140

注:数据来源于中国种植业信息网。

然而,由于气候变化的影响,东北地区温度升高,积温增加,生长季延长,产量潜力较高的中、晚熟玉米品种的种植北界明显北移东延,可种植区域不断扩大(赵俊芳等,2009)。但与此同时,降水和热量资源变率的增大,导致干旱和低温冷害等灾害发生风险也有所增加(赵俊芳等,2009;刘志娟等,2010)。

因此,科学评估气候变化对我国东北地区玉米生产的影响,具有重要的理论和现实意义,可为该地区农业生产应对气候变化、保障粮食安全提供科学依据。

1.2 气候变化对东北玉米影响研究进展

1.2.1 气候变化对东北农业气候资源影响研究进展

农业气候资源是指被农业生产所利用的气候要素中的物质和能量,是农业自然资源的组成部分,也是农业生产的基本条件(崔读昌,1999)。农业气候资源的变化是气候变化影响作物生长和产量形成的直接原因(Bellon et al,2011)。东北三省由于十分复杂的自然地理环境及地貌特征,热量资源空间分布差异大,降水时空分布不均匀,年际间变化幅度较大,是我国对气候变化敏感性最强,也是受气候变化影响最为显著的地区之一(赵俊芳等,2009;吴海燕等,2014)。全球气候变化背景下,东北三省农业气候资源的变化对玉米生产种植布局、生产管理等均产生影响。综合前人的研究结果,东北三省农业气候资源的时空变化特征具体表现为:

(1)气候变化对无霜期的影响

由于东北三省地处中高纬度地区,种植制度基本为一年一熟,无霜期的长短直接决定了该地区可从事农业生产时间的长短(穆佳等,2014)。1961—2013 年间,东北三省平均初霜日、终霜日分别为 9 月 28 日和 5 月 5 日,无霜期平均为 146 d。其中,95.7%的站点初霜日以 1.55 d/10a 的速率显著推后,98.8%的站点终霜日以 2.5 d/10a 的速率显著提前,无霜期显著延长(梁宏等,2014;周晓宇等,2017)。1980—1999 年无霜期延长的幅度最大(胡琦等,2015)。1961—2010 年,东北三省的初霜日推后了 7~9 d,初霜日出现早于 9 月 10 日的区域逐渐北移 3~4 个纬度,初霜日在 10 月 1 日以后出现的区域也明显向北移动,2000 年以后已经覆盖了辽宁全境、松嫩平原和三江平原,无霜期较 20 世纪 60 年代延长了 14~21 d(王培娟等,2011)。其中,与 1991—1999 年相比,2000—2009 年黑龙江省北部和吉林省东部初霜日普遍推迟了 5 d 以上,其倾向率为 0.5~0.8 d/a;辽宁省中部及东部地区初霜日推迟 5 d 以下,其倾向率为 0.2~0.5 d/a;其他区域的初霜日变化趋势不显著,其倾向率均低于 0.2 d/a(李正国等,2011)。未来 RCP4.5 气候情景下,东北三省初霜日出现的时间将继续推迟。未来 20 年内东北三省初霜日将推迟 10 d 左右的区域主要分布在黑龙江省黑河和长白山部分地区,以及三江平原西部的部分地区;空间上则继续呈现北移趋势,但变化幅度均不大(王培娟等,2015)。

(2)气候变化对热量资源的影响

东北地区是我国增温速率最快、范围最大的地区之一(王石立等,2003;孙凤华等,2005;赵春雨等,2009;贺伟等,2013)。根据气象资料分析,1900—1920 年东北地区大约增温 0.7℃,20 世纪 20—70 年代基本保持稳定状态(左洪超等,2004),1961—2005 年东北地区年平均气温变化在 2.45~5.72℃之间(贺伟等,2013)。年平均气温呈现显著上升趋势,升温幅度为 1.5℃,气候倾向率平均为 0.30~0.40℃/10a,比北半球和全国同期平均增温速率明显偏高,气温增暖主要发生在最近的 20 多年(赵春雨等,2009;胡琦等,2015;翟献帅等,2017)。

东北地区气候变暖趋势存在着季节性差异,尽管东北地区年平均气温和四季平均气温均呈现增高的趋势(王石立等,2003),但冬季气温增幅最大,夏季和秋季气温增幅最小,不很稳定,仍时有偏低温度发生,并同时出现高温日数增多等极端异常气候事件(王石立等,2003;胡琦等,2015)。最低气温的增温率是最高气温的 2 倍左右,导致温度日较差变小,冬季变小更加明显(王石立等,2003;孙凤华等,2006)。东北地区年平均气温和季节平均气温年代际变化亦呈现明显的升高趋势,年均温、春季均温和冬季均温均在 1981—1990 年开始变暖,夏季均温和秋季均温在 1991—2000 年开始变暖,且气温增暖幅度随纬度的升高而增大(贺伟等,2013)。

玉米是喜温作物,一般将一年中稳定通过 10℃ 的时段作为当地玉米生长季。近 50 年来,随着东北三省热量资源的普遍增加,玉米的生长季普遍延长,在中部和北部地区以 2～4 d/10a 的趋势显著增加(梁宏等,2014)。玉米生长季内可利用的热量资源也显著增加,温度适宜度增加(冶明珠等,2012;赵俊芳等,2015)。近 20 年中,春玉米生长季内日最高气温、最低气温和平均气温每 10 年分别增加 0.50、0.45 和 0.44℃,白天增温幅度大于夜间增温幅度(陈群等,2014)。1970 年以来,东北三省玉米生长季内日平均、最高和最低气温平均以 0.34、0.28 和 0.43℃/10a 的速率上升。其中,黑龙江省的上升速率分别为 0.32、0.21 和 0.43℃/10a,吉林省的上升速率分别为 0.35、0.31 和 0.41℃/10a,辽宁省的上升速率分别为 0.35、0.32 和 0.44℃/10a(Chen et al,2012)。东北三省平均温度的上升速率高于全国平均地表气温的上升速率(0.22℃/10a),同时也明显高于全球或北半球同期平均增温速率(0.13℃/10a)(陈长青等,2011)。≥10℃ 有效积温除大兴安岭地区变化不明显,其他地区普遍增加 200～400℃·d(马树庆等,2000;贾建英等,2009;梁宏等,2014;胡琦等,2015;翟献帅等,2017)。积温带不断向北推移,1971 年以来,2700℃·d 积温带平原区向北推进了 200～300 km,向东扩展 50～150 km(纪瑞鹏等,2012),2600℃·d 积温带面积增加约 30 万 km²(Chen et al,2012)。未来 RCP4.5 气候情景下,玉米生长季日数和 ≥10℃ 积温将分别增加约 15 d 和 300℃·d(王培娟等,2015)。

(3)气候变化对降水资源的影响

东北三省属温带半湿润半干旱气候带,年降水量在 400～800 mm 之间,且 60% 集中在 7—9 月,雨热同季(王培娟等,2015)。1956 年以来,东北三省年降水量呈略减少趋势,气候倾向率为 −5.71 mm/10a(赵春雨等,2009;贺伟等,2013),年降水日数减少了 3～4 d,尤其是黑龙江东部、吉林西部、辽宁东南部降水量减少更为明显(赵秀兰,2010)。四季降水量变化呈不同的趋势,其中春季和冬季降水量呈增多的趋势,夏季和秋季降水量呈减少的趋势(谢立勇等,2011;贺伟等,2013)。

东北三省玉米生长季内降水量呈微弱的减少趋势,年际间波动增加(王春乙等,2010;赵秀兰,2010;Chen et al,2012),东北局部区域每年在播种季节的透雨呈现偏晚的趋势(谢立勇等,2011)。

(4)气候变化对日照资源的影响

气候变化背景下,我国的日照时数整体呈下降趋势,东北地区减少得更加明显(赵春雷等,2009;张蕾等,2012),近 50 年东北地区年日照时数平均每 10 年减少 30 h 左右(赵春雨等,2009),日照时数高于 2800 h 的区域面积由原来的 13.6 万 km² 减少到 4.1 万 km²(张丽华等,2009;曹艳芳等,2009;吴海燕等,2014),减少幅度达到 69.9%(吴海燕等,2014)。日照资源的季节变化特征也存在一定的差异性,例如吉林省冬季太阳总辐射下降趋势显著,但夏季显著增加(廉士欢等,2009;王雅婕等,2009)。

1971—2007 年东北地区春玉米生长季太阳辐射总量呈波动变化态势,但有下降趋势,辐射值在 2500～2800 MJ/m² 之间变化。从趋势线来看,每 10 a 辐射量减少 12 MJ/m²(陈长青等,2011)。

前人在东北三省气候资源和农业气候资源领域做了大量的研究,涉及全年、四季、作物生长季气候资源变化时空演变特征、农业气候资源利用和评价等;但因研究起始和终止年份的不一致,研究结果缺乏可比性,难于对一年当中不同季节和时段气候资源的变化做出全面了解。因此,本书第 3 章将系统比较全年、四季及玉米潜在生长季内光、温、水等气候资源的变化趋势,为区域玉米生产合理利用农业气候资源提供基础。

1.2.2 气候变化对东北玉米种植区域和种植界限影响研究进展

在全球气候变暖背景下,东北地区气温明显上升,春玉米不同熟性品种种植在适宜的积温区域内,充分利用当地热量等气候资源,同时充分实现作物产量潜力,保证高产稳产。与 20 世纪 60 年代相比,随着热量资源的增加,玉米可种植区范围不断扩大,种植北界北移东扩(纪瑞鹏等,2012)。早熟品种逐渐被中晚熟品种取代,中晚熟品种的可种植面积不断扩大(赵俊芳等,2009)。20 世纪 90 年代中早熟品种的种植南界基本与 70 年代春玉米不可种植区的南界重合,在 21 世纪头 10 年早熟品种的种植南界已与 20 世纪 60 年代春玉米不可种植区的南界相差无几(王培娟等,2011)。不同品种熟型玉米分布界线在 2001—2006 年北移东扩显著,小兴安岭地区可以种植极早熟品种,三江平原成为中熟和中晚熟品种区域,松嫩平原南部亦可种植晚熟品种,长白山地带以前不能满足玉米生育热量条件的区域,已可种植早熟品种(贾建英等,2009;王培娟等,2011)。分析 1961 年以来东北地区玉米实际的播种面积可知,播种面积呈波动增加的趋势,增速为 72 万 hm²/10a,吉林省春玉米播种面积增长速度最快,为 33 万 hm²/10a(纪瑞鹏等,2012)。2000 年以前,东北地区玉米种植面积向北扩展至 44°～48°N,而 2000 年之后在中南部大规模发展,从 42°N 扩展到 44°N,并进一步向东扩展至 123°～127°E,同时还表现为向低海拔(100 m 以下)和较高海拔(200～350 m)扩展的态势(谭杰扬等,2014)。未来 RCP4.5 气候情景下,不同熟性春玉米种植北界在未来 2 个年代际的北移东扩速度较过去 50 年更快,尤其是中晚熟春玉米可种植区北界到 21 世纪 30 年代将北移至 49°32′N、东扩至我国东部边境(王培娟等,2015)。

气候变暖为玉米种植区域向高纬度和高海拔地区扩展提供了热量基础,未来随着气候变暖也将不同程度扩展,在中晚熟品种更替的敏感区域,中、晚熟品种替代早、中熟品种及玉米生育期延长、产量增加的同时,干旱和低温发生的风险也相应增加,生产实际中防旱防低温技术应对至关重要。本书第 4 章将在分析过去和未来玉米种植界限变化的基础上,评估玉米种植界限变化敏感区域内干旱和低温冷害的风险,为该区域玉米品种选择提供依据。

1.2.3 气候变化对东北玉米产量影响研究进展

玉米是喜温作物,一般认为,10℃是其生物学下限温度(龚绍先,1988),在其他条件满足的前提下,作物生长发育速度的快慢主要取决于温度条件。在品种不变条件下,随着温度的升高作物的生长发育进程加快,作物生育期长度缩短(Lobell et al,2007)。东北玉米田间试验研究表明,水分基本满足条件下,平均气温每升高 1℃,玉米出苗期提前 3 d 左右,出苗至抽雄期缩短 6 d 左右,抽雄至成熟期缩短 4 d 左右,出苗速度和出苗以后的生长发育速度加快 17%(马树庆等,2008)。由于热量资源的增加,东北玉米理论播种期普遍提前,理论收获期推后,玉米潜在生长季延长。与 20 世纪 70 年代相比,21 世纪头 10 年理论播种期平均提前了 5 d,理论收获期平均延后了 5 d,生长季长度平均延长了 10 d,自 20 世纪 50 年代以来,潜在生长季长度以 1.4 d/10a 的速度延长(Chen et al,2012)。同时根据东北地区玉米生育期的实际观测数据可以看出,20 世纪 90 年代以来,春玉米播种期在黑龙江省提前了 3 d,但在吉林和辽宁省分别推后了 2 d 和 3 d,而收获期则分别延后了 1 d,3 d 和 7 d,这导致实际的生育期长度平均增加了 4 d(Chen et al,2012)。具体来讲,玉米实际出苗期以 0.4～3.5 d/10a 的速率提前,实际成熟期以 2.3～3.8 d/10a 的速率推后,生育期长度以 1.1～5.7 d/10a 的速率延长(李正国等,2011)。温度的升高为玉米的发芽和出苗提供了有利条件,农民可通过选择生育期相对较长的品种来适应这种变化(Li et al,2014)。

东北地区玉米产量的变化与气候条件变化密切相关,温度是东北农业生产的主要限制因子(房世波等,2011)。玉米产量变化与生长季平均温度变化呈显著负相关关系;玉米产量波动与生长季平均最高温度变化呈显著负相关,玉米产量受生长季内平均最高温度的强烈影响,最高温度每上升 1℃ 导致玉米产量降低 14%,而最低温度升高和降水量增加会使玉米产量微弱增加(王春春等,2010)。在水分条件充足的前提下,气候变暖对东北早熟春玉米的产量有显著的正效应影响(刘颖杰等,2007;马树庆等,2008;王玉莹等,2012)。玉米产量的增加有约 25% 左右的贡献可用热量资源的增加来解释(纪瑞鹏等,2012)。

各生育阶段气候资源变化对玉米产量有不同程度的影响。玉米吐丝至成熟期积温增加 10%,玉米百粒重增加 13%;若干燥度增加 0.1,灌浆期缩短 6 d 左右,灌浆速率和产量明显下降。积温增加使玉米干物质积累时间长,干物重明显增加,生育期积温增加 100℃·d,玉米每公顷总干重增加 500 kg 左右,单产增加 6.3% 左右;抽雄至成熟期平均气温上升 1℃,每公顷产量增加 550 kg 左右;干燥度上升 0.1,玉米每公顷产量下降 860 kg 左右;抽雄至成熟期间气温在 22℃ 以上,干燥度在 0.75～0.90 之间玉米产量最高(马树庆等,2008)。东北地区 5 月或 9 月日最低气温每升高 1℃,玉米产量将增加 303 或 284 kg/hm² (Chen et al,2011)。而在实际生产中,农民也会逐渐选用生育期较长的中晚熟品种,来适应热量增加生长季的延长,从而增加玉米的产量,例如在黑龙江省,1980 年以来由于品种的更替玉米产量以每 10 年 7%～17% 的速率增加(Meng et al,2014)。

此外,气候变化对各地区春玉米产量的影响也各不相同。黑龙江省和吉林省玉米气候产量主要受温度因子的影响,随着气候变暖玉米气候产量也逐渐增加。这主要是因为该区域温度逐渐上升到了玉米生长发育所需的适宜温度,同时 20 世纪 50—70 年代造成该地区玉米严重减产的低温冷害发生的频率和强度均明显降低,这都为该区域玉米增产带来有利条件。辽宁省玉米气候产量主要受降水和日照时数的影响,不同地区影响效果不同。这是因为辽宁省属于温带大陆型季风气候区,受季风气候影响,各地气候差异较大,不同地区玉米气候影响因子不一致,且影响效果不尽相同(贾建英等,2009)。

东北三省作为气候变化敏感区域,玉米产量直接受气候变化影响。前人针对气候变化对东北三省玉米影响做了大量的研究,但时间和空间尺度上的系统性和代表性较差,尤其针对气候变化对作物生育期全过程的影响评估不足。本书第 5 章分析了过去和未来气候变化对东北春玉米生育期和产量的影响,并评估了玉米品种更替和播期调整对气候变化的适应,为该地区玉米生产应对气候变化提供依据。

1.2.4　气候变化背景下作物产量差及限制因素研究进展

气候变化对农作物产量潜力带来一定程度的正面(或负面)影响,同时农作物单位面积实际产量呈现上升趋势,但是仍然低于当地作物产量潜力,那么,在气候变化背景下,农作物的产量还有多大的提升空间,已经成为当今农业科学研究领域亟待明确的一个科学问题。近年来针对这个科学问题国内外学者做了大量研究。

产量差研究始于20世纪70年代中期,1974年,国际水稻研究所(IRRI)从亚洲6个国家抽调研究人员组建了工作小组,致力于水稻生产力限制因子研究,并在孟加拉国、印度、印度尼西亚、巴基斯坦和菲律宾等国开展了产量差的系列研究,Barker等(1979)发表了该研究组的研究结果。而产量差(yield gap)的概念是De Datta在1981年首先明确提出的,产量差被定义为农田实际产量与试验站潜在产量的差距,将产量差分成两个等级,产量差1是试验站潜在产量和潜在农田产量之间的产量差,造成该产量差的主要原因是一些不可能应用到田间的技术和环境因子的限制;产量差2是潜在农田产量和农田实际产量之间的产量差,造成该产量差的主要因素是生物限制和社会经济限制,前者包括品种、病虫草害、土壤、灌溉及施肥等因素,后者包括投入产出比、政策、文化水平及传统观念等因素(Datta,1981)。Fresco(1984)进一步完善了产量差概念模型的内涵,除用"潜在田块产量"的"技术上限产量"概念外,又引入了一个"经济上限产量"的概念。而后,Bie(2000)详细总结了不同定义下的各级产量差,并对各级产量差的主要限制因子进行了分类,加入"模拟试验站潜在产量",分为两大部分内容,一个是在试验站水平上,一个是在农田水平上,主要有3个产量差等级。因此,随着研究的逐步深入,产量差研究的内涵也在逐渐丰富。产量差的研究方法总结起来主要是有两种实现途径:一种是试验调查及统计分析;一种是运用作物模拟模型。前者概念简单,可操作性强,可以根据不同地区特点进行有针对性的分析,但是试验费用大,且要求足够的试验数据,有较强的主观性;后者可以利用计算机进行更多的处理设置,但是却不能对实际生产中的所有管理措施进行精确定量化(杨晓光等,2014)。

对比世界各地玉米产量提升空间的研究结果发现,发达国家由于栽培管理水平相对较高,玉米产量提升空间较小,如美国内布拉斯加州玉米产量提升空间为11%(Grassini et al,2011),而在发展中国家玉米产量提升空间达54%~84%(Pingali et al,2001)。特别是非洲的热带玉米种植区,由于栽培管理条件较差、养分缺乏严重、水分胁迫以及病虫害的影响,造成玉米产量很低,玉米产量的提升空间达80%以上(Lobell et al,2009)。与玉米相比,小麦和水稻由于灌溉条件较好,产量已接近其潜在产量,可提升空间较小。例如孟加拉国、中国、印度、印度尼西亚、尼泊尔和缅甸灌溉水稻的提升空间分别为15%、22%、39%、17%、16%和18%(Duwayri et al,2000)。中国早稻、单季稻和晚稻的产量提升空间分别为20%、17%和26%(Zhu,2000)。印度西北部灌溉小麦的产量提升空间约为20%(FAO,2003)。

在过去几十年中,全球玉米产量呈增加趋势,分析美国玉米产量增加的原因发现,自20世纪30年代以来,美国玉米产量增长的40%~50%归功于农田管理、肥料和栽培技术的提高,50%~60%归功于玉米杂种优势的利用(Duvick et al,1999;Duvick,2005)。对产量提升有重要贡献的栽培管理措施包括施肥量的增加、灌溉量的增加、播种密度的增加和机械化程度的提高等(Egli,2008)。目前已有学者分别就这些栽培管理措施对产量提升的贡献做了一定的研究。Kucharik 和 Ramankutty(2005)指出在美国内布拉斯加州、堪萨斯州和德克萨斯州,自 20 世纪 50 年代以来灌溉使得当地玉米产量提升 75%～90%。Kucharik(2008)的研究指出,美国内布拉斯加州等 6 个州 1979—2005 年播期的提前对玉米产量提升的贡献为 19%～53%,且进一步研究表明播期提前一天产量增加 60～140 kg/hm²。2012 年《Nature》杂志上的一项研究借助迄今为止全球最全面的农作物产量及肥料数据,对主要作物的产量提升做了研究,结果表明,通过改善养分管理和增加灌溉量,大部分农作物的产量增加 45%～70% 是有可能的(Mueller et al,2012)。近年来我国也开展了栽培管理措施对作物产量提升的贡献的研究。如 Wang 等(2012)基于华北地区 1961—2007 年的小麦—玉米产量数据、典型站点农业气象站测定的作物数据,使用系统模型 APSIM 分析了栽培管理措施("两晚"技术)对于提升小麦—玉米体系产量的贡献。"两晚"技术充分利用了气候变化增加的热量资源,随着品种的适应和农业机械化程度的提高,华北平原玉米生长季延长,而传统的种植方式在未完全成熟期收获玉米,降低了玉米生产潜力。"两晚"技术的实施,可使玉米产量增加 7%～15%。而晚播小麦的产量可通过提高种植密度来补偿,小麦和玉米周年产量可增加 4%～6%。刘伟等(2010)通过玉米田间试验研究了种植密度对夏玉米产量的影响,结果表明所选玉米品种在高密度条件下玉米籽粒产量和生物产量最高,与低密度种植相比,籽粒产量可增加 48%～72%,生物产量可增加 112%～152%,表明高密度条件下玉米通过增加群体来提高产量。

前人针对不同区域不同作物的产量差及不同措施对提升产量的贡献开展了大量研究,就东北地区而言,从产量差角度系统分析不同因素对玉米产量的限制程度及合理的缩差途径还比较缺乏,本书第 6 章重点从土壤、品种和栽培管理措施三个方面解析东北区域玉米产量限制因子空间差异性以及缩差途径对于提升产量的贡献。

1.2.5 气候变化背景下东北玉米农业气象灾害影响研究进展

低温冷害指作物生长发育期间因气温低于作物生理下限温度,引起农作物生育期延迟,或使其生殖器官的生理活动受阻,而导致减产的一种农业气象灾害。冷害一般可分为三种类型:延迟型冷害、障碍型冷害和混合型冷害。低温冷害是东北地区主要农业气象灾害之一,是导致玉米产量不稳、品质不高的主要原因。东北地区玉米以延迟性冷害为主。在玉米生育前期(一般是孕穗期以前)遇到较长时间的低温,削弱植株的光合作用,减少养分的吸收,影响光合产物和矿物养分的运转,使作物生育期显著延迟,不能正常生育而减产(张养才等,1991;王书裕,1995)。孙玉亭等(1983)使用东北三省 70 个站点 1978 年以前的生育期气温资料,计算了各地延迟型冷害的发生频率。以辽宁南部近海地区为最低,发生频率在 15% 以下;其次是辽宁和吉林省的中西部地区,频率为 15%～20%;冷害频率最高的是长白山地、大小兴安岭山地和蒙古高原的东部,在 30% 以上;其余地方在 20%～30% 之间。马树庆(1996)在前人有关玉米冷害指标研究及玉米冷害致灾因素及风险分析的基础上,建立玉米低温冷害风险指数和风险概率等风险评估指标和模式,并综合多种因素,进行东北地区玉米低温冷害的气候风险区划和灾害经济损失(灾损)风险区划,结果显示:东北地区的北部、东部玉米低温冷害的风险性最大,中部、西部部分县市居中,吉林省西南部及辽宁省大部风险性最小。赵俊芳等(2009)根据东北三省 1961—2007 年逐日气象资料,结合玉米生长季温度距平冷害指标,分析气候变暖对东北三省春玉米严重低温冷害及种植布局的影响,结果表明 1961—2007 年,气候变暖背景下东北三省严重低温冷害在不同年代出现频率呈减少趋势。高晓容等(2012)利用东北地区 48 个农业气象观测站 1961—2010 年逐日温度资料和最近 20 多年玉米生育期资料,基于热量指数构建生育阶段冷害指数,分析了近 50 年东北玉米 4 个生育阶段低温冷害时空分布及周期特征。结果表明:整个生育期全区平均冷害强度呈极显著的减弱趋势,地区间冷害变化趋势差异明显,冷害强度减弱趋势由西南向东北方向呈阶梯状递增,冷害强度呈较明显的减弱趋势,且冷害强度具有较强的周期性,出苗—七叶、出苗—抽雄存在明显的 23、25 年周期,出苗—乳熟、出苗—成熟均具有较明显的 3 年周期振荡。

目前农业干旱指标较多,主要包括降水量、作物旱情及作物需水量指标等。降水量指标一般包括降水距平百分率、无雨日数等,这类指标资料容易获取,计算方便,但是不能直接反映农作物遭受干旱的程度。作物旱情指标包括作物的形态指标和生理指标,该指标利用作物的长势、长相及作物生长发育过程中的生理指标来直接反映作物水分供应状况,特别是随着各种观测仪器和测试手段的不断完善和发展,利用作物生理指标判别作物水分亏缺的方法有了很大的发展,常见指标有叶水势、气孔导度、细胞汁液浓度、冠层温度(董振国,1985;王志兴等,1995;胡继超等,2004)。作物需水量指标则是指土壤水分充足、作物正常生育状态下,农田消耗于作物蒸腾和棵间土壤蒸发的总水量(王密侠等,1998;袁文平等,2004)。董秋婷等(2011)通过计算东北玉米生长季内水分亏缺指数(CWDI)并划分干旱等级,认为玉米的需水量与降水量均呈现先增加后减少的变化趋势,7 月下旬达到峰值,在 4—6 月和 9 月水分亏缺指数值较高,玉米易发生干旱。张淑杰等(2011)通过研究东北玉米各生育阶段内的水分亏缺指数和干旱频率,认为东北地区玉米生长季内干旱呈现明显的季节性和区域性,干旱发生频率较高的时段主要在苗期阶段,其次是灌浆成熟期;玉米苗期、拔节期、抽雄开花期、灌浆成熟期轻旱以上干旱频率都呈由东北向西南逐渐增加的分布趋势,区域性比较明显;辽宁西部和南部、吉林西部和黑龙江西南部地区干旱发生频率较高,是干旱的主发区,玉米苗期、拔节期、抽雄开花期、灌浆成熟期干旱发生频率分别为 60%～96%、30%～58%、20%～40% 和 30%～52%。从年代际变化看,20 世纪 60—80 年代干旱缓和,从 90 年代初开始干旱呈增加的趋势,90 年代中期以后干旱增加趋势明显,特别是 2000—2004 年维持在一个较高的水平。

干旱和冷害是影响东北玉米产量的主要农业气象灾害,明确其空间分布特征及演变趋势,定量分析灾害对玉米产量的影响程度,对于玉米防灾减灾具有重要意义。

1.3 小结

东北三省是我国重要的粮食生产基地,也是玉米种植和生产的主要产区,在我国玉米生产和粮食安全中占有举足轻重的地位,同时也是我国受气候变化影响最为显著的区域之一。全球气候变化背景下,东北三省温度持续增加,这为该地区玉米生产和种植面积扩大提供了热量上的保障,而降水资源的总体减少和中晚熟玉米品种的盲目扩大,又使干旱和低温冷害的发生频率增加。因此,需要深入系统地分析气候变化背景下东北三省玉米生长季内气候资源的变化特征,在此基础上评估其对玉米种植界限、产量及产量差、灾害风险的影响,并提出玉米生产的优势布局,以期为东北三省各级政府和有关部门对玉米生产的宏观合理布局、应对气候变化及防灾减灾等提供科学参考。

参 考 文 献

曹艳芳,古月,徐健,等,2009.内蒙古近47年气候变化对春小麦生育期的影响[J].内蒙古气象,(4):22-25.

陈长青,类成霞,王春春,张卫建,2011.气候变暖下东北地区春玉米生产潜力变化分析[J].地理科学,**31**(10):1272-1279.

陈群,耿婷,侯雯嘉,等,2014.近20年东北气候变暖对春玉米生长发育及产量的影响[J].中国农业科学,**47**(10):1904-1916.

崔读昌,1999.中国农业气候学[M].杭州:浙江科学技术出版社.

董秋婷,李茂松,刘江,等,2011.近50年东北地区春玉米干旱的时空演变特征[J].自然灾害学报,**20**(4):52-59.

董振国,1985.对土壤水分指标的研究[J].气象,(1):32-33.

方琳娜,陈印军,刘时东,2015.东北地区中低产田时空分布特征及其改良措施[J].吉林农业科学,**40**(2):57-61.

房世波,韩国军,张新时,等,2011.气候变化对农业生产的影响及其适应[J].气象科技进展,**1**(2):15-19.

高晓容,王春乙,张继权,2012.东北玉米低温冷害时空分布与多时间尺度变化规律分析[J].灾害学,**27**(4):65-70.

龚绍先,1988.粮食作物与气象[M].北京:北京农业大学出版社.

郭建平,等,2016.气候变化对农业气候资源有效性的影响评估[M].北京:气象出版社.

国家统计局农村社会经济调查司,2017.中国农村统计年鉴[M].北京:中国统计出版社.

贺伟,布仁仓,熊在平,等,2013.1961—2005年东北地区气温和降水变化趋势[J].生态学报,**33**(2):519-531.

胡继超,姜东,曹卫星,等,2004.短期干旱对水稻叶水势/光合作用及干物质分配的影响[J].应用生态学报,**15**(1):63-67.

胡琦,潘学标,张丹,等,2015.东北地区不同时间尺度下气温和无霜期的变化特征[J].中国农业气象,**36**(1):1-8.

纪瑞鹏,张玉书,姜丽霞,等,2012.气候变化对东北地区玉米生产的影响[J].地理研究,**31**(2):290-298.

贾建英,郭建平,2009.东北地区近46年玉米气候资源变化研究[J].中国农业气象,**30**(3):302-307.

李强,2013.2013年中美玉米播种面积及影响[J].黑龙江粮食,(7):31-33.

李正国,杨鹏,唐华俊,等,2011.气候变化背景下东北三省主要作物典型物候期变化趋势分析[J].中国农业科学,**44**(20):4180-4189.

廉士欢,靳英华,彭聪,2009.吉林省太阳辐射变化规律及太阳能资源利用研究[J].气象与环境学报,**25**(3):30-34.

梁宏,王培娟,章建成,等,2014.1960—2011年东北地区热量资源时空变化特征[J].自然资源学报,**29**(3):466-479.

刘伟,吕鹏,苏凯,等,2010.种植密度对夏玉米产量和源库特性的影响[J].应用生态学报,**21**(7):1737-1743.

刘彦随,甘红,张富刚,2006.中国东北地区农业水土资源匹配格局[J].地理学报,**62**(8):847-854.

刘颖杰,林而达,2007.气候变暖对中国不同地区农业的影响[J].气候变化研究进展,**3**(4):229-233.

刘志娟,杨晓光,王文峰,等,2010.全球气候变暖对中国种植制度可能影响Ⅳ:未来气候变暖对东北三省春玉米种植北界的可能影响[J].中国农业科学,**43**(11):2280-2291.

刘卓,刘昌明,2006.东北地区水资源利用与生态环境问题分析[J].自然资源学报,**21**(5):700-708.

马树庆,1996.吉林省农业气候研究[M].北京:气象出版社:166-180.

马树庆,安刚,王琪,等,2000.东北玉米带热量资源的变化规律研究[J].资源科学,**22**(5):41-45.

马树庆,王琪,罗新兰,2008.基于分期播种的气候变化对东北地区玉米(Zea mays)生长发育和产量的影响[J].生态学报,**28**(5):2131-2139.

穆佳,赵俊芳,郭建平,2014.近30年东北春玉米发育期对气候变化的响应[J].应用气象学报,**25**(6):680-689.

石玉林,2004.在吉林调研与省领导交换意见上的讲话[J].《东北地区有关水土资源配置、生态与环境保护和可持续发展的若干战略问题研究》简报,(6):9-12.

孙凤华,杨素英,陈鹏狮,2005.东北地区近44年的气候暖干化趋势分析及可能影响[J].生态学杂志,**24**(7):751-755.

孙凤华,杨修群,路爽,等,2006.东北地区平均、最高、最低气温时空变化特征及对比分析[J].气象科学,**26**(2):157-163.

孙玉亭,王书裕,杨永岐,1983.东北地区作物冷害研究[J].气象学报,**41**(3):59-67.

谭杰扬,李正国,杨鹏,等,2014.基于作物空间分配模型的东北三省春玉米时空分布特征[J].地理学报,**69**(3):353-364.

唐华俊,周清波,杨鹏,等,2014.全球变化背景下农作物空间格局动态变化[M].北京:科学出版社.

王春春,黄山,邓艾兴,等,2010.东北雨养农区气候变暖趋势与春玉米产量变化的关系分析[J].玉米科学,**18**(6):64-68.

王密侠,马成军,蔡焕杰,等,1998.农业干旱指标研究与进展[J].干旱地区农业研究,**16**(3):119-124.

王培娟,韩丽娟,周广胜,等,2015.气候变暖对东北三省春玉米布局的可能影响及其应对策略[J].自然资源学报,**30**(8):1343-1355.

王培娟,梁宏,李祎君,等,2011.气候变暖对东北三省春玉米发育期及种植布局的影响[J].资源科学,**33**(10):1976-1983.

王石立,庄立伟,王馥棠,2003.近20年气候变暖对东北农业生产水热条件影响的研究[J].应用气象学报,**14**(2):152-164.

王书裕,1995.作物低温冷害研究[M].北京:气象出版社,116-120.

王雅婕,黄耀,张稳,2009.1961—2003年中国大陆地表太阳总辐射变化趋势[J].气候与环境研究,**14**(4):405-413.

王玉莹,张正斌,杨引福,等,2012.2002—2009年东北早熟春玉米生育期及产量变化[J].中国农业科学,**45**(24):4959-4966.

王志兴,岳平,李春红,等,1995.对农业干旱及干旱指数计算方法的探讨[J].黑龙江水利科技,**12**(2):77-81.

吴海燕,孙甜田,范作伟,等,2014.东北地区主要粮食作物对气候变化的响应及其产量效应[J].农业资源与环境学报,**31**(4):299-307.

谢立勇,李艳,林森,2011.东北地区农业及环境对气候变化的响应与应对措施[J].中国生态农业学报,**19**(1):197-201.

杨晓光,刘志娟,2014.作物产量差研究进展[J].中国农业科学,**47**(14):2731-2741.

杨镇,才卓,景希强,等,2007.东北玉米[M].北京:中国农业出版社.

冶明珠,郭建平,袁彬,等,2012.气候变化背景下东北地区热量资源及玉米温度适宜度[J].应用生态学报,**23**(10):2786-2794.

袁文平,周广胜,2004.干旱指标的理论分析与研究展望[J].地球科学进展,**19**(6):982-991.

翟献帅,苏筠,方修琦,2017.东北地区近30年来温度变化的时空差异[J].中国农业资源与区划,**38**(2):20-27.

张蕾,霍治国,王丽,等,2012.气候变化对中国农作物虫害发生的影响[J].生态学杂志,**31**(6):1499-1507.

张丽华,史奎桥,刘景利,等,2009.气候变化与气候事件对锦州农田生态的影响及预防对策[J].安徽农学通报,**15**(19):141-143.

张淑杰,张玉书,纪瑞鹏,等,2011.东北地区玉米干旱时空特征分析[J].干旱地区农业研究,**29**(1):231-236.

张勋,2006.东北地区农业机械化发展的战略思考[J].农机化研究,(3):1-6.

张养才,何维勋,李世奎,1991.中国农业气象灾害概论[M].北京:气象出版社:25-30.

赵春雨,任国玉,张运福,等,2009.近 50 年东北地区的气候变化事实检测分析[J].干旱区资源与环境,**23**(7):25-30.

赵俊芳,杨晓光,刘志娟,2009.气候变暖对东北三省春玉米严重低温冷害及种植布局的影响[J].生态学报,**29**(12):6544-6551.

赵俊芳,穆佳,郭建平,2015.近 50 年东北地区≥10℃农业热量资源对气候变化的响应[J].自然灾害学报,**24**(3):190-198.

赵秀兰,2010.近 50 年中国东北地区气候变化对农业的影响[J].东北农业大学学报,**41**(9):144-149.

中华人民共和国国家统计局,2016.中国统计年鉴·2016[M].北京:中国统计出版社.

中华人民共和国水利部,2016.2016 年中国水资源公报[R/OL].[2016-07-11].http://www.qhdswj.gov.cn/ow-content/uploads/fj/201707141155047009.pdf.

周晓宇,赵春雨,崔妍,等,2017.1961—2013 年中国东北地区初终霜日及无霜期的气候变化特征[J].自然资源学报,**32**(3):494-506.

左洪超,吕世华,胡隐樵,2004.中国近 50 年气温及降水量的变化趋势分析[J].高原气象,**23**(2):238-244.

Barker R K,Gomez A,Herdt R W,1979. *Farm-Level Constraints to High Rice Yields in Asia*:1974-77[M]. IRRI,Los Banos,Philippines.

Bellon M R,Hodson D,Hellin J,2011. Assessing the vulnerability of traditional maize seed systems in Mexico to climate change[J]. *Proceedings of the National Academy of Sciences of the United States of America*,**108**:13432-13437.

De Bie CAJM,2000. Comparative performance an analysis of agro-Ecosystews[D]. Netherlands:Wageningen Agricultural unirersity.

Chen C,Lei C,Deng A,et al,2011. Will higher minimum temperatures increase corn production in Northeast China? An analysis of historical data over 1965-2008[J]. *Agricultural and Forest Meteorology*,**151**(12):1580-1588.

Chen C,Qian C,Deng A,et al,2012. Progressive and active adaptations of cropping system to climate change in Northeast China[J]. *European Journal of Agronomy*,**38**(8):94-103.

Datta S K De,1981. *Principles and Practices of Rice Production*[M]. New York(USA):Wiley-Interscience Productions.

Duvick D N,2005. The contribution of breeding to yield advances in maize(Zea mays L.)[J]. *Advances in Agronomy*,**86**:83-145.

Duvick D N,Cassman K G,1999. Post-green revolution trends in yield potential of temperate maize in the north-central United States[J]. *Crop Science*,**39**:1622-1630.

Duwayri M,Tran D V,Nguyen V N,2000. Reflections on yield gaps in rice production:How to narrow the gaps [M]// Bridging the Rice Yield Gap in the Asia-Pacific Region. Thailand :RAP Publication:26-45.

Egli D B,2008. Comparison of corn and soybean yields in the United States:Historical trends and future prospects[J]. *Agronomy Journal*,**100**:S79-S88.

FAO(Food and Agriculture Organization),2003. World Agriculture:Towards 2015/2030:An FAO Perspective [M]. London :Earthscan Publication Ltd.

Fresco L O,1984. Issues in farming systems research[J]. *Netherlands Journal of Agricultural Science*,**32**:253-261.

Grassini P,Thorburn J,Burr C,et al,2011. High-yield irrigated maize in the Western U. S. Corn Belt:I. On-farm yield, yield potential, and impact of agronomic practices[J]. *Field Crops Research*, **120**:142-150.

Kucharik C J, 2008. Contribution of planting date trends to increased maize yields in the central United States [J]. *Agronomy Journal*, **100**(2):328-336.

Kucharik C J, Ramankutty N, 2005. Trends and variability in U. S. corn yields over the twentieth century[J]. *Earth Interactions*, **9**:1-29.

Li Z, Yang P, Tang H, et al, 2014. Response of maize phenology to climate warming in Northeast China between 1990 and 2012[J]. *Regional Environmental Change*, **14**:39-48.

Lobell D B, Field C B, 2007. Global scale climate-crop yield relationships and the impacts of recent warming[J]. *Environmental Research Letters*, **2**(1):1-7.

Lobell D B, Cassman K G, Field C B, 2009. Crop yield gaps: their importance, magnitudes, and causes[J]. *The Annual Review of Environment and Resources*, **34**:174-204.

Meng Q, Hou P, Lobell D B, et al, 2014. The benefits of recent warming for maize production in high latitude China[J]. *Climatic Change*, **122**(1-2):341-349.

Mueller N D, Gerber J S, Johnston M, et al, 2012. Closing yield gaps through nutrient and water management [J]. *Nature*, **490**:254-257.

Pingali P L, Pandey S, 2001. Meeting world maize needs: technological opportunities and priorities for the public sector[M]∥CIMMYT 1999—2000 World Maize Facts and Trends. Meeting World Maize Needs: Technological Opportunities and Priorities for the Public Sector:1-24. CIMMYT, Mexico.

Wang J, Wang E, Yang X, et al, 2012. Increased yield potential of wheat-maize cropping system in the North China Plain by climate change adaptation[J]. *Climatic Change*, **113**(3):825-840.

Zhu D, 2000. Bridging the rice yield gap in China[M]∥Bridging the Rice Yield Gap in the Asia-Pacific Region. Thailand: RAP Publication:69-83.

第 2 章　研究方法

为方便读者阅读,本章集中介绍各章所涉及的研究指标和计算方法,包括农业气候资源分析、产量差定义及分析方法、玉米干旱和冷害指标、光截获计算方法、玉米优势分区指标和方法以及农业生产系统模拟模型在东北三省玉米研究中的适用性等。

本书的研究区域为黑龙江、吉林和辽宁三省,气象数据来自中国气象科学数据共享服务网逐日气象资料,玉米作物资料来源于中国气象局农业气象观测站,东北三省的气象站点和农业气象观测站点分布如图 2.1 所示。

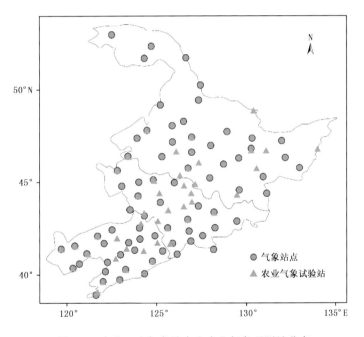

图 2.1　东北三省气象站点和农业气象观测站分布

研究区域为玉米可能种植区和实际种植区,可能种植区根据文献(龚绍先,1988;刘志娟等,2010)中东北玉米完成生长发育所需要积温的最低值,将研究时段(1951—2010 年)东北三省 80% 保证率下 ≥10℃ 积温高于 2100℃ · d 的区域作为玉米的可能种植区域。由于东北三省气候在 20 世纪 80 年代发生显著变化,因此,可能种植区域在时段 Ⅰ (1951—1980 年)和时段 Ⅱ (1981—2010 年)分别进行确定,如图 2.2a。研究内容中涉及玉米实际产量的(如第 5 章和第 6 章)采用实际种植区,确定方法为:基于东北三省各市(县)玉米播种面积,将 2001—2005 年连续 5 年玉米播种面积大于 5000 hm² 的县定为实际种植县(图 2.2b)。

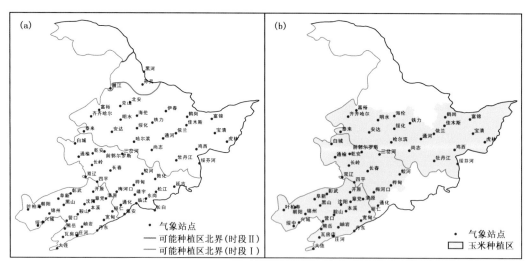

图 2.2　研究区域玉米可能种植区(a)及实际种植区(b)

2.1　农业气候资源分析指标及计算方法

农业气候资源是指为农业生产提供基本物质与能量的气候资源,包括太阳辐射(光能)、热量、水分和空气等。同时还指各种要素其年内、年际的变化以及各要素的组合,在一定程度上决定了一个地区的农业生产类型和农业生产潜力(中国农业百科全书总编辑委员会,1986;韩湘玲,1999)。本书从全年、四季以及玉米潜在生长季三个时间尺度分析热量资源、水分资源和光照资源变化特征。

2.1.1　光资源分析指标及计算方法

太阳辐射是地球大气和地表物理和生物过程的主要能源,通过光量、光质和光时三个方面影响农业生产(韩湘玲,1999)。本书所用气象资料中光的资料主要是日照时数,我们利用以下公式将其换算为太阳总辐射。

(1)太阳总辐射计算方法

基于逐日气象数据,利用 Penman-Monteith 公式((Doorenbos et al,1998),计算逐日的太阳总辐射,公式如下:

$$d_{ri} = 1 + 0.033\cos\left(\frac{2\pi}{365}J_i\right) \tag{2.1}$$

$$\delta_i = 0.409\sin\left(\frac{2\pi}{365}J_i - 1.39\right) \tag{2.2}$$

$$\omega_{si} = \arccos(-\tan\varphi\tan\delta_i) \tag{2.3}$$

$$N_i = \frac{24}{\pi}\omega_{si} \tag{2.4}$$

$$R_{ai} = \frac{24(60)}{\pi}G_{sc}d_{ri}(\omega_{si}\sin\varphi\sin\delta_i + \cos\varphi\cos\delta_i\sin\omega_{si}) \tag{2.5}$$

$$R_{si} = \left(a_s + b_s \frac{n_i}{N_i} \right) R_{ai} \tag{2.6}$$

式(2.1)—(2.6)中，R_{ai} 为第 i 天的地球外辐射，单位 $MJ/(m^2 \cdot d)$；G_{sc} 为太阳常数，取值 $0.0820\ MJ/(m^2 \cdot min)$；$d_n$ 为日地相对距离；δ_i 为第 i 天的太阳倾角，单位(°)；φ 为纬度，单位 (°)；ω_{si} 为第 i 天的日落时角，单位(°)；J_i 为第 i 天的儒略日；R_{si} 为第 i 天的太阳总辐射，单位 $MJ/(m^2 \cdot d)$；n_i 为第 i 天的实际日照时数，单位 h；N_i 为第 i 天的最大可能日照时数，单位 h；a_s 和 b_s 为回归常数，采用联合国粮农组织推荐值，$a_s = 0.25$，$b_s = 0.50$。

(2)日照百分率计算方法

日照长度是指一个地方日出至日落之间的可能日照时数，称可照时数，又称日长或光长，以小时(h)表示。假如没有云、雾、尘、烟等影响，可照时数受地理、纬度、季节等因子决定。考虑到地表常受云、雾、降水和大气透明状况以及山体遮挡的影响，地表实际受到的光照时数少于可照时数，因此，常用"日照百分率"来表征实际照射到的太阳光的时数占同期可照时数的百分比(杨晓光等，2009)。日照百分率是光资源中重要的影响因素。

$$\alpha = \frac{\sum n_i}{\sum N_i} \tag{2.7}$$

式中，α 为日照百分率，n_i 为第 i 天的实际日照时数，单位为 h；N_i 为第 i 天的最大可能日照时数，单位为 h。

2.1.2　热量资源分析指标及计算方法

(1)农业气象界限温度起止日期的计算

玉米潜在生长季的界限温度起止日期的计算，采用五日滑动平均法(曲曼丽，1991)，在春季(或秋季)第一次出现高于(或低于)某界限温度之日起，按日序依次计算出每连续五日的日平均气温的平均值，并在一年中，任意连续大于等于这个界限温度持续最长的一段时期内，在此时期内第一个五日的日平均气温中，挑取最先一个日平均气温大于等于该界限温度的日期，即为稳定通过该界限温度的初日(起始日期)，而在持续最长的一段时期(秋季)的最后一个高于某界限温度的五日平均气温中，挑取最末一个日平均气温大于等于该界限温度的日期，即为稳定通过该界限温度的终止日(终止日期)。

(2)玉米潜在生长季及持续日数的计算

玉米是喜温作物，生物学下限温度为 $10℃$(王璞，2004)，本书将稳定通过 $10℃$ 界限温度的持续日数定义为玉米的潜在生长季，即某一地区一年内玉米可能生长的时期(韩湘玲，1999)。利用上述方法计算出 $10℃$ 界限温度的起止日期后，再根据下式计算玉米潜在生长季的持续日数：

$$S = B - A + 1 \tag{2.8}$$

式中，S 为玉米潜在生长季的持续日数，A 和 B 分别为 $10℃$ 界限温度的起始和终止日期的日序。

(3)玉米潜在生长季内活动积温计算方法

温度对作物生长发育的影响，包括温度强度和持续时间两个方面。根据研究目的不同，积温有不同表达形式，其中应用最为广泛的是活动积温和有效积温(中国农业科学院，1999)。本书所用的积温是指活动积温。

活动积温是在某段时期内活动温度的总和,活动温度是高于生物学零度的日平均温度,计算方法如下:

$$A_a = \begin{cases} \sum T_i, & T_i \geqslant B \\ 0, & T_i < B \end{cases} \tag{2.9}$$

式中,A_a 为活动积温(℃·d);n 为该时段内的日数;T_i 为第 i 天的日平均温度;B 为玉米的生物学下限温度。

(4)无霜期

无霜期是指一年当中终霜后和初霜前的一段时期,与农作物生长发育密切相关,是保障农作物生长的重要农业气候指标。选择百叶箱日最低气温降到2℃或以下作为霜冻的气候指标,将春季最后一次日最低气温降到2℃以下的次日作为当年无霜期的起始日,将秋季日最低气温第一次降到2℃以下作为无霜期的终止日(中国农业科学院,1999)。

2.1.3　水分资源分析指标及计算方法

(1)参考作物蒸散量的定义及计算方法

参考作物蒸散量(ET_0)指假设平坦地面被特定低矮绿色植物(高0.12 m,地面反射率为0.23)全部覆盖、土壤水分充分条件下的蒸散量。采用 Penman-Monteith 公式进行计算(Doorenbos et al,1998),其公式如下:

$$ET_0 = \frac{0.408\Delta(R_n - G) + \gamma \dfrac{900}{t+273}U_2(e_a - e_d)}{\Delta + \gamma(1 + 0.34U_2)} \tag{2.10}$$

式中,ET_0 为参考作物蒸散量,单位 mm;R_n 为到达作物表面的净辐射,单位 MJ/(m²·d);G 为土壤热通量密度,单位 MJ/(m²·d);t 为作物冠层2 m高处的空气温度,单位℃;U_2 为作物冠层2 m高处的风速,单位 m/s;e_d 为饱和水汽压,单位 kPa;e_a 为实际水汽压,单位 kPa;Δ 为水汽压对温度的斜率,单位 kPa/℃;γ 为干湿球常数。其中,R_n、Δ、U_2 可通过气象台站观测资料计算求得。

(2)作物需水量的定义及计算方法

作物需水量(ET_c)是指在水分供应充足且没有其他因素限制条件下,作物为获得最高产量所需要的水分总量。此处采用目前公认的联合国粮农组织推荐的方法,先计算出参考作物蒸散量再乘以作物系数得到,公式如下:

$$ET_c = K_c \times ET_0 \tag{2.11}$$

式中,ET_c 为逐日作物需水量,单位 mm;ET_0 为逐日参考作物蒸散量,单位 mm;K_c 为作物系数。

(3)作物系数的定义及计算方法

作物系数(K_c)是指作物某生长发育阶段的需水量 ET_c 与对应阶段参考作物蒸散量 ET_0 的比值,随物品种、生长状况、气候、土壤及管理方式而异。本研究采用1998年联合国粮农组织推荐的分段单值平均法计算(Allen et al,1998),得到玉米发育初期、中期、后期的3个阶段标准作物系数分别为:$K_{cini(Tab)} = 0.3$,$K_{cmid(Tab)} = 1.2$,$K_{cend(Tab)} = 0.6$,并根据各站点的气候条件,对玉米生育中期和后期逐日作物系数进行订正,公式如下:

$$K_{cmid} = K_{cmid(Tab)} + [0.04(U_2 - 2) - 0.004(RH_{min} - 45)](\frac{h}{3})^{0.3} \tag{2.12}$$

$$K_{\text{cend}} = \begin{cases} K_{\text{cend(Tab)}} + \left[0.04(U_2 - 2) - 0.004(RH_{\min} - 45)\right]\left(\dfrac{h}{3}\right)^{0.3}, & K_{\text{cend(Tab)}} < 0.45 \\ K_{\text{cend(Tab)}}, & K_{\text{cend(Tab)}} \geqslant 0.45 \end{cases}$$

$$(2.13)$$

式中，K_{cmid} 为订正后玉米生育中期作物系数；K_{cend} 为订正后玉米生育后期作物系数；U_2 为 2 m 高度处的日平均风速；$RH_{\min}$ 为日最低相对湿度；h 为该生育阶段内作物的平均高度。

对于播种前处于裸地状态时的作物系数，参照联合国粮农组织推荐的方法，用作物生育前期的作物系数值代替，即东北地区玉米播种前 4 旬的作物系数取值为 0.3。

2.1.4　气候要素保证率定义及其计算方法

保证率是指大于等于或小于等于某要素值出现的可能性或概率。在农业气候分析中建议 80% 以上的保证程度才可行（韩湘玲，1999）。本书采用经验频率法计算保证率，计算公式如下所示：

$$P = \frac{m}{n+1} \times 100\%$$

$$(2.14)$$

式中，P 为保证率，单位 %；m 为研究要素值按大小递减顺序排列后的编号，编号从 1 开始；n 为整个序列号数，即年份数。

2.1.5　气候要素气候倾向率定义及其计算方法

在计算气候要素变化趋势时，采用最小二乘法，计算样本与时间的线性回归系数（a），气候要素的变化即可用一次线性方程表示，即：

$$\hat{x}_t = at + b, \qquad t = 1, 2, \cdots, n(\text{年})$$

$$(2.15)$$

以 10a 作为时间单位分析气候倾向率，单位为某要素单位/10a，如平均气温气候倾向率单位为 ℃/10a。

2.2　不同熟型玉米种植北界指标

玉米完成整个生长发育过程，要求一定的积温，且积温要求因品种不同而异。根据龚绍先（1988）、杨镇等（2007）提出的玉米不同熟性品种积温需求的划分标准，将东北三省划分为早熟、中熟、中晚熟和晚熟玉米可种植区，具体划分指标见表 2.1。

表 2.1　东北三省春玉米不同熟型品种对热量的要求　　　　　　（单位：℃·d）

品种熟性	不可种植区域	早熟	中熟	中晚熟	晚熟
≥10℃积温	<2100	2100~2400	2400~2700	2700~3000	>3000

2.3　玉米产量差定义及计算方法

作物潜在产量是指一个地区所能达到的最高产量的理论上限，作物实际生产中由于气候、品种、土壤以及栽培管理措施等因素的限制，实际产量远远低于当地的作物潜在产量，即在作物潜在产量与实际产量间存在产量差（yield gap）。Datta 于 1981 年首次提出了产量差的概念，并定义为农民实际收获的作物产量与试验站获得的潜在产量之间的差距，导致这个产量差距的因子为产量限制因子（yield constraints）。这是最初的产量差概念，随着研究的逐步深入，产量差研究的内涵逐渐丰富。

为解析东北三省玉米各级产量差，本书定义产量的四个水平，分别为：（1）潜在产量（Y_p）：即光温生产潜力，是指作物在良好的生长状况下，不受水分、氮肥限制以及病虫害的胁迫，并采用适宜作物品种获得的产量（Evans et al,1999;Grassini et al,2009）。潜在产量代表一个地区作物基于适宜的土壤在较高管理水平下由光温条件所决定的产量。在特定区域内，潜在产量即为该地区作物产量的上限。（2）可获得产量（Y_a）：是指确定时间、确定的生态区，在无物理的、生物的或经济学的障碍下最优栽培管理措施下，试验田所获得的产量（Ittersum et al,1997;Abeledo et al,2008）。（3）农户潜在产量（Y_{pf}）：是指现有农户栽培水平下，可以获得的最大产量。即假设农户不考虑各种市场因素及政策的条件下，将现有栽培管理措施应用到最佳所获得的产量（Datta et al,1978）。该产量可反映目前栽培水平下产量潜力，即可以达到的最大产量。（4）农户实际产量（Y_{af}）：是指一定区域内农户实际产量平均状况，反映了当地气候条件、土壤、品种以及农民实际栽培管理措施下获得的产量。

潜在产量与农户实际产量之间的产量差，是农户实际产量距离当地理论上最高产量即潜在产量的差距，是一个地区作物的总产量差（total yield gap,TYG），研究该产量差有助于我们明确目前的作物实际产量距离潜在产量的差距。总产量差可进一步分解为三个层次：产量差1，产量差2 和产量差3，如图 2.3 所示。

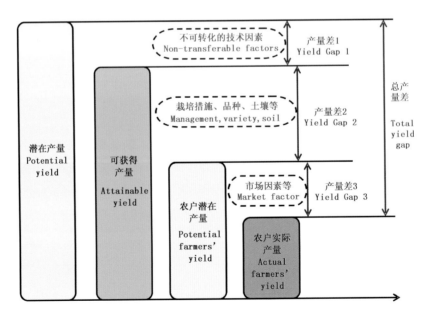

图 2.3　各级产量及产量差示意图

产量差 1(yield gap 1,YG_1),是指潜在产量与可获得产量之间的产量差,它主要由环境条件和某些技术因素引起,这些因素是非转化性的,因此在实际生产中缩小该层次产量差是比较困难的。

产量差 2(yield gap 2,YG_2),是指可获得产量与农户潜在产量之间的产量差,主要是因为农民投入不足、栽培措施不理想、土壤条件和品种选择等因素造成的,这些影响因素可通过技术推广以及政府的适度干预,特别是研究机构的努力来缩小该层次产量差距。

产量差 3(yield gap 3,YG_3),农户潜在产量与农户实际产量之间的产量差,主要是由于各种经济因素而造成的,如成本、风险和回报率,以及农业政策和劳动力的供给影响农户对土地的投入,影响农民的积极性及栽培管理措施实施的质量,这些因子是导致该层次产量差的因素。

本书第 6 章着重分析东北三省玉米总产量差及各级产量差(产量差 1、产量差 2 和产量差 3)的空间分布特征以及演变趋势。

2.4　玉米农业气象灾害指标及计算方法

2.4.1　玉米干旱指标及计算方法

作物水分亏缺指数(Crop Water Deficit Index)是表征作物水分亏缺程度的指标之一。考虑前期水分盈亏所造成的累积效应,水分亏缺指数一般计算连续 5 旬的累积作物水分亏缺指数,公式如下:

$$CWDI = a \times CWDI_i + b \times CWDI_{i-1} + c \times CWDI_{i-2} + d \times CWDI_{i-3} + e \times CWDI_{i-4}$$

$$(2.16)$$

式中,$CWDI$ 为作物生长季内按旬计算的累积水分亏缺指数;$CWDI_i$、$CWDI_{i-1}$、$CWDI_{i-2}$、$CWDI_{i-3}$、$CWDI_{i-4}$ 分别为该旬及其前四旬的水分亏缺指数;a、b、c、d 和 e 为对应旬的累计权重系数,一般 a、b、c、d 和 e 取值分别为 0.3、0.25、0.2、0.15 和 0.1。

式(2.16)中,$CWDI_i$ 的计算公式如下:

$$CWDI_i = \begin{cases} (ET_{ci} - P_i)/ET_{ci} \times 100\%, & ET_{ci} \geqslant P_i \\ 0, & ET_{ci} < P_i \end{cases}$$

$$(2.17)$$

式中,P_i 和 ET_{ci} 分别为第 i 旬的累积降水量(mm)和累积作物需水量(mm),分别由第 i 旬内逐日降水量(P)和需水量(ET_c)累计得到。

在计算玉米各生育阶段的作物水分亏缺指数时,对于旬的划分是从不同生育阶段开始的第一天起,每 10 d 作为一旬,至生育阶段停止,最后不足 5 d 则合并为上一旬,超过 5 d 则单独作为新的一旬,再分别按照公式(2.16)和公式(2.17)计算,得到各生育阶段内各旬累计作物水分亏缺指数。最后,玉米各生育阶段的作物水分亏缺指数值为该生育阶段内各旬累计作物水分亏缺的平均值。

本书结合东北三省玉米干旱灾情资料,对作物水分亏缺指数的干旱等级标准进行订正,订正过程见第 7 章 7.1 节,订正后的结果如表 2.2 所示。

表 2.2　东北三省玉米作物水分亏缺指数的干旱分级

等级	类型	作物水分亏缺指数($CWDI$)	
		关键期	其余发育期
0	无旱	$CWDI\leqslant35$	$CWDI\leqslant40$
1	轻旱	$35<CWDI\leqslant50$	$40<CWDI\leqslant55$
2	中旱	$50<CWDI\leqslant60$	$55<CWDI\leqslant65$
3	重旱	$60<CWDI\leqslant70$	$65<CWDI\leqslant75$
4	特旱	$CWDI>70$	$CWDI>75$

2.4.2　玉米延迟型冷害划分指标及计算方法

参照气象行业标准《北方春玉米冷害评估技术规范》(QX/167—2012),结合马树庆等(2003)、方修琦等(2005)和赵俊芳等(2009)的研究,本书以 5—9 月逐月平均气温之和的多年平均值(T,℃),以及当年 5—9 月逐月平均气温之和(T_{5-9},℃)与 T 的距平值(ΔT,℃)两个指标,作为东北玉米延迟型冷害指标,具体如表 2.3 所示。依据致灾因子的量值大小确定级别,将玉米延迟型冷害分为轻度、中度和重度 3 个等级。若研究区域内某一站点 5—9 月 50 a 平均气温之和(T)为 84.5℃,计算得到该站点 5—9 月逐月平均气温之和(T_{5-9})与 T 的距平(ΔT)低于 -2.4℃,则该站点在这一年发生重度冷害;若 ΔT 在 $-2.4\sim-1.9$℃,则发生中度冷害;若 ΔT 在 $-1.9\sim-1.4$℃,则发生轻度冷害;若大于 -1.4℃,则未发生冷害。

表 2.3　玉米延迟型低温冷害划分指标

等级	$T\leqslant80$	$80<T\leqslant85$	$85<T\leqslant90$	$90<T\leqslant95$	$95<T\leqslant100$	$100<T\leqslant105$
轻度	$-1.4<\Delta T\leqslant-1.1$	$-1.9<\Delta T\leqslant-1.4$	$-2.4<\Delta T\leqslant-1.7$	$-2.9<\Delta T\leqslant-2.0$	$-3.1<\Delta T\leqslant-2.2$	$-3.3<\Delta T\leqslant-2.3$
中度	$-1.7<\Delta T\leqslant-1.4$	$-2.4<\Delta T\leqslant-1.9$	$-3.1<\Delta T\leqslant-2.4$	$-3.7<\Delta T\leqslant-2.9$	$-4.1<\Delta T\leqslant-3.1$	$-4.4<\Delta T\leqslant-3.3$
重度	$\Delta T\leqslant-1.7$	$\Delta T\leqslant-2.4$	$\Delta T\leqslant-3.1$	$\Delta T\leqslant-3.7$	$\Delta T\leqslant-4.1$	$\Delta T<-4.4$

注:T 为 5—9 月逐月均温之和的多年平均值(℃),ΔT 为当年 5—9 月逐月均温之和与 T 的距平值(℃)。

该指标使用之前,选取典型站点验证了该指标在东北三省玉米冷害中的适用性,具体见第 7 章 7.4 节。

2.4.3　灾害分析方法

(1)灾害频率

灾害发生频率即某站发生某等级灾害的年次数与统计资料总年数之比,计算公式如下:

$$F_i = n/N\times100\%　　　　　　(2.18)$$

式中,F_i 为某等级灾害发生的频率;n 为该生育阶段发生某等级灾害的年数;N 为研究资料总年数。

(2)站次比

站次比是用来评价灾害影响范围大小的指标,用某一区域内某一等级灾害发生台站数占全部台站数的比例表示,计算公式如下:

$$P_j = m/M \times 100\% \tag{2.19}$$

式中，P_j 为站次比（%），M 为研究区域总台站数，m 为研究区域发生某等级灾害台站数。

2.5 玉米优势分区指标及计算方法

本书选择光温潜在、雨养潜在和气候—土壤潜在生产水平，通过分析玉米各级产量潜力高产性、稳产性和适宜性，对东北春玉米进行优势分区。

2.5.1 高产性、稳产性与适宜性的评价指标

高产性是指作物产量水平的高低，研究时段内作物产量平均值的大小可以反映高产性。本书选择研究时段内各栅格点（或县）潜在产量和实际产量的平均值作为该时段产量高产性的评价指标。某站点某一时段内产量的平均值越高，则表明该站点的产量水平越高；反之越低。

稳产性是指产量的稳定性，即逐年产量对产量标准值的偏离程度。变异系数是均方差与均值的比值，可用来比较不同观测序列离差程度的大小（俞世蓉，1991）。变异系数越大，说明要素变化越剧烈、越不稳定（马开玉等，1993；王江民等，1998）。研究中将研究时段内各栅格点（或县）潜在产量和实际产量的平均值作为该站点产量的标准值，选择研究时段内各栅格点（或县）产量的变异系数作为稳产性的评价指标。某站点研究时段内产量的变异系数可按以下公式计算：

$$S_i = \sqrt{\frac{1}{n} \sum_{j=1}^{n} (x_{ij} - \overline{x_i})^2} \tag{2.20}$$

$$C_{vi} = \frac{S_i}{\overline{x_i}} \tag{2.21}$$

式中，S_i 为 i 研究时段内产量的均方差，x_{ij} 为 i 研究时段内第 j 年的产量，$\overline{x_i}$ 为 i 研究时段内的平均产量，C_{vi} 为 i 研究时段内产量的变异系数，n 为 i 研究时段内的年数。

基于显著性、稳定性、主导性、区域差异性和可操作性原则，选择高稳系数（high-stable coefficient，简称 HSC）作为评价适宜性的指标，该指标可综合反映产量的高产性和稳产性，高稳系数越高则产量综合的高产性和稳产性越高（温振民等，1994；王江民等，1998），即该地区玉米种植的适宜性越高。某站点年代高稳系数计算公式如下：

$$HSC_i = \frac{\overline{x_i} - S_i}{\overline{x}} \tag{2.22}$$

式中，HSC_i 为某站点 i 研究时段内产量的高稳系数，$\overline{x_i}$ 为 i 研究时段内的平均产量，S_i 为 i 研究时段内产量的均方差，$\overline{x}$ 为研究区域 i 研究时段内各站点产量的平均值。

2.5.2 高产性、稳产性与适宜性的等级划分

采用向下累积频率法（cumulative frequency distribution，简称 CFD）对不同情景下产量的高产性、稳产性及适宜性的等级进行划分。所谓向下累积频率，是指变量大于等于某一下限值出现的次数与总次数之比（黄丹青等，2007），可表示为：

$$CFD = \frac{F_i}{F_n} \times 100\%，\quad i = 1,2,3\cdots,n \tag{2.23}$$

$$F_i = \sum_1^i f_i \qquad (2.24)$$

式中,n 为在变量取值范围内(即介于最小值与最大值之间的取值范围)划分的数值等级数,f_i 表示在第 i 个数值等级内变量发生的频数,F_i 指变量在不小于该数值等级内的频数。

利用 APSIM-Maize 模型得到各站点逐年不同层次潜在产量的基础上,分别计算各站点研究时段内玉米产量的平均值、变异系数及高稳系数,并根据图 2.4 中各等级划分所依据的累积频率分布值,得到所对应的不同生产水平下玉米产量的平均值、变异系数及高稳系数各等级划分的具体数值(赵锦等,2014)。

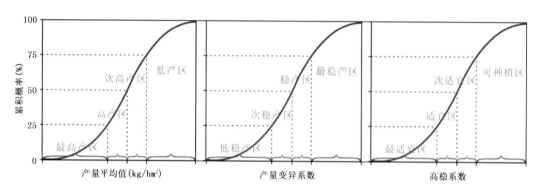

图 2.4 产量的高产性、稳定性及适宜性的等级划分标准

2.5.3 降水和土壤条件对高产性、稳产性和适宜性分区的影响

根据本书中 3 个层次潜在生产水平下产量潜力的定义,确定降水和土壤条件是导致光温潜在水平与雨养潜在水平、雨养潜在水平与气候—土壤潜在水平下东北三省玉米高产性、稳产性和适宜性差异的原因,确定降水和土壤条件限制高产性、稳产性和适宜性区域(表 2.4)。

表 2.4 降水和土壤条件限制高产性、稳产性和适宜性区域定义

	降水条件		土壤条件	
	光温潜在水平	雨养潜在水平	雨养潜在水平	气候—土壤潜在水平
高产性	最高产区	高产区、次高产区、低产区	最高产区	高产区、次高产区、低产区
	高产区	次高产区、低产区	高产区	次高产区、低产区
	次高产区	低产区	次高产区	低产区
稳产性	最稳产区	稳产区、次稳产区、低稳产区	最稳产区	稳产区、次稳产区、低稳产区
	稳产区	次稳产区、低稳产区	稳产区	次稳产区、低稳产区
	次稳产区	低稳产区	次稳产区	低稳产区
适宜性	最适宜区	适宜区、次适宜区、可种植区	最适宜区	适宜区、次适宜区、可种植区
	适宜区	次适宜区、可种植区	适宜区	次适宜区、可种植区
	次适宜区	可种植区	次适宜区	可种植区

2.6 作物模型方法

2.6.1 农业生产系统模拟模型简介

作物模拟模型是从系统动力学角度出发,考虑作物生理生态机制以及作物生长发育与大气、土壤和生物等环境因素相互作用,可以定量表达作物生长发育过程及其与外部环境的关系(McCown et al,1996)。从 1965 年发展至今,作物模拟模型功能和系统性越来越强,模型综合考虑作物的生长发育、产量形成及其对不同环境因子的影响,已成为农业研究或生产管理中最有效的分析工具之一(Sinclair et al,2000)。

农业生产系统模拟模型(Agricultural Production System Simulator,APSIM)是由隶属澳大利亚联邦科工组织和昆士兰州政府的农业生产系统研究组(Agricultural Production System Research Unit,简称 APSRU)开发的(Probert et al,1995;Asseng et al,2000)。该模型已在世界各地得到广泛应用,特别是在气候变化对农作物生长发育、潜在产量及农田水分平衡等方面影响具有较好的模拟效果(Asseng et al,1997;Asseng et al,2001;Wu et al,2006)。AP-SIM 模型主要由 3 部分组成:模拟农业系统中生物和物理过程的生物物理模块(biophysical modules)、用户定义模拟过程的管理措施和控制模拟过程的管理模块(management modules)、各种调用模拟数据的输入输出模块及结果输出模块(data input and output modules)。这些模块都是由中心引擎(simulation engine)来驱动和控制的(Keating et al,2003)如图 2.5。

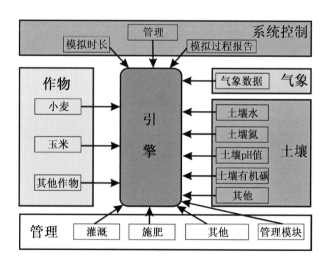

图 2.5 APSIM 模型的结构图(根据 Keating et al,2003 修改)

2.6.2 作物模型模拟结果评价指标

利用东北三省各农业气象观测站部分年份玉米试验数据对模型进行调参,然后利用其他年份试验数据对模型进行验证。通过模拟值与试验数据(包括作物生长发育动态、产量和生物量等)进行比较,评估作物模型模拟效果。选择目前国际上通用的指标和方法对 APSIM-Maize 模型模拟东北三省玉米生长发育和产量形成的适用性进行检验,包括模拟结果与实测结果间线性回归相关系数(R^2)、均方根误差($RMSE$)、归一化均方根误差($NRMSE$)(Wallach et al,1987)、D 指标(Willmott,1982)、平均绝对误差(MAE)。R^2 和 D 指标反映模拟值与实测值之间的一致性,越接近 1 说明模拟效果越好,但是 D 指标对于系统模拟误差更加敏感;$RMSE$、$NRMSE$ 值反映了模型模拟值与实测值的绝对误差和相对误差,值越小表明模拟值与实测值之间的一致性越好。

$$RMSE = \sqrt{\frac{\sum_{i=1}^{n}(O_i - S_i)^2}{n}} \tag{2.25}$$

$$NRMSE = \frac{RMSE}{O} \times 100\% \tag{2.26}$$

$$D = 1 - \frac{\sum_{i=1}^{n}(S_i - O_i)^2}{\sum_{i=1}^{n}(|S_i - O| + |O_i - O|)^2} \tag{2.27}$$

$$MAE = \frac{\sum_{i=1}^{n}|S_i - O_i|}{n} \tag{2.28}$$

式中,S_i 为模拟值,O_i 为实测值,O 为实测值的平均值,N 为模拟的年份。

2.6.3 APSIM 模型适用性

本书以东北三省农业气象观测站玉米田间试验资料为基础,确定 APSIM-Maize 模型的参数并验证其在研究区域玉米生产模拟中的适用性。由于篇幅所限,在此仅以典型农业气象观测站为例说明模型对模拟不同站点的有效性和适用性(刘志娟等,2012)。由图 2.6—2.8 可以看出,玉米播种—出苗、播种—开花和播种—成熟 3 个生育阶段天数模拟结果与实测资料有很好的一致性,说明 APSIM 模型可较准确地模拟东北三省的春玉米生育期进程,基本上反映叶面积指数和地上部总生物量在全生育期内的动态变化,且模型模拟玉米产量与实测产量有很好的一致性,其准确性达 80% 以上。

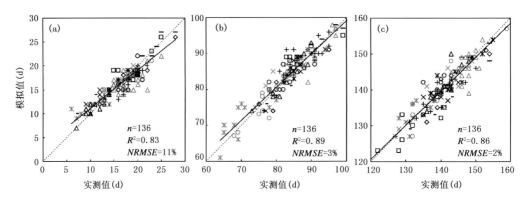

图 2.6　东北三省玉米生育期实测值和模拟值结果对比

(a)播种到出苗;(b)播种到开花;(c)播种到成熟

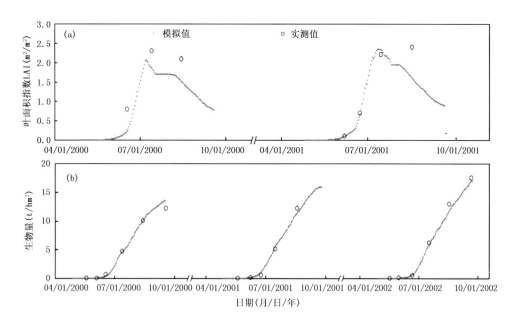

图 2.7　哈尔滨试验站玉米叶面积指数(a)和地上部总生物量(b)实测值和模拟值验证

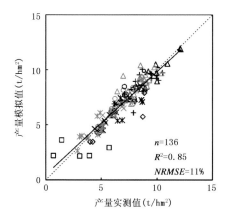

图 2.8　东北三省玉米产量实测值和模拟值结果对比
(注:图中不同符号代表不同的站点)

参 考 文 献

方修琦,王媛,朱晓禧,2005.气候变暖适应行为与黑龙江省夏季低温冷害的变化[J].地理研究,**24**(5):664-672.

龚绍先,1988.粮食作物与气象[M].北京:北京农业大学出版社.

韩湘玲,1999.农业气候学[M].太原:山西科学技术出版社.

黄丹青,钱永甫,2007.Community Climate Model 3 模拟夏季极端降水的初步分析[J].南京大学学报(自然科学),**43**:238-248.

刘志娟,杨晓光,王静,等,2012.APSIM 玉米模型在东北地区的适应性分析[J].作物学报,**38**(4):740-746.

刘志娟,杨晓光,王文峰,等,2010.全球气候变暖对中国种植制度可能影响Ⅳ:未来气候变暖对东北三省春玉米种植北界的可能影响[J].中国农业科学,**43**:2280-2291.

马开玉,丁裕国,屠其璞,等,1993.气象统计原理与方法[M].北京:气象出版社.

马树庆,袭祝香,王琪,2003.中国东北地区玉米低温冷害风险评估研究[J].自然灾害学报,**12**(3):137-141.

曲曼丽,1991.农业气候实习指导[M].北京:北京农业大学出版社.

王江民,李雁,1998.高稳系数法分析玉米新品种高产稳产性[J].玉米科学,**6**:26-28.

王璞,2004.农作物概论[M].北京:中国农业大学出版社.

温振民,张永科,1994.用高稳系数法估算玉米杂交种高产稳产性的探讨[J].作物学报,**20**:508-512.

杨晓光,于沪宁,2009.中国气候资源与农业[M].北京:气象竖版社:55-56.

杨镇,才卓,景希强,等,2007.东北玉米[M].北京:中国农业出版社.

俞世蓉,1991.作物的品种适应性与产量稳定性[J].作物杂志,36-37.

赵锦,杨晓光,刘志娟,等,2014.全球气候变暖对中国种植制度的可能影响Ⅹ:气候变化对东北三省春玉米气候适宜性的影响[J].中国农业科学,**47**(16):3143-3156.

赵俊芳,杨晓光,刘志娟,2009.气候变暖对东北三省春玉米严重低温冷害及种植布局的影响[J].生态学报,**29**(12):6546-6547.

中国农业百科全书总编辑委员会,1986.中国农业百科全书·农业气象卷[M].北京:农业出版社:177.

中国农业科学院.1999.中国农业气象学[M].北京:中国农业出版社:**57**,319.

Abeledo L G,Savin R,Slafer G A,2008. Wheat productivity in the Mediterranean Ebro Valley:Analyzing the gap between attainable and potential yield with a simulation model[J]. *European Journal of Agronomy*,**28**:541-550.

Allen R G,Perira L S,Raes D,et al,1998. Crop evapotranspiration[R]. FAO Irrigation and Drainage Paper 24,Rome.

Asseng S,Anderson G C,Dunin F X,et al,1997. Use of the APSIM wheat model to predict yield,drainage,and NO₃-leaching for a deep sand[J]. *Australian Journal of Agricultural Research*,**49**:363-378.

Asseng S,Fillery I R P,Dunin F X,et al,2001. Potential deep drainage under wheat crops in a Mediterranean climate. I. Temporal and spatial variability[J]. *Australian Journal of Agricultural Research*,**52**:45-56.

Asseng S,van keulen H, Stol W, 2000. Performance and application of the APSIM N Wheat model in the Netherlands[J]. European Journal of Agronomy,**12**:37-54.

Datta S K De,Gomez K A,Herdt R W,et al,1978. A Handbook on the Methodology for an Integrated Experiment—Survey on Rice Yield Constraints[M]. International Rice Research Institute,Los Baños,Philippines.

Doorenbos J,Pruitt W O,1998. Crop water requirements,FAO irrigation and drainage paper 24(2nd edition).

Evans L T,Fischer R A,1999. Yield potential:its definition,measurement,and significance[J]. *Crop Science*,**39**:1544-1551.

Grassini P,Yang H,Cassman K G,2009. Limits to maize productivity in Western Corn-Belt:A simulation analysis for fully irrigated and rainfed conditions[J]. *Agricultural and Forest Meteorology*,**149**:1254-1265.

Ittersum M K van,Rabbinge R,1997. Concepts in production ecology for the analysis and quantification of agricultural input-output combinations[J]. *Field Crops Research*,**52**:197-208.

Keating B A,Carberry P S,Hammer G L,et al,2003. An overview of APSIM,a model designed for farming systems simulation[J]. *European Journal of Agronomy*,**18**(3—4):267-288.

McCown R L,Hammer G L,Hargreaves J N G,et al. 1996. APSIM:a novel software system for model development,model testing and simulation in agricultural systems research[J]. *Agricultural Systems*,**50**:255-271.

Probert M E，Keating B A，Thompson J P，1995．Modelling water，nitrogen，and crop yield for a long-term fallow management experiment[J]．Australian Journal of Experimental Agriculture，**35**：940-950．

Sinclair T R，Seligman N，2000．Criteria for publishing papers on crop modeling[J]．*Field Crops Research*，**68**：165-172．

Wallach D，Goffinet B，1987．Mean squared error of prediction in models for studying ecological and agronomic systems[J]．*Biometrics*，**43**：561-573．

Willmott C J，1982．Some comments on the evaluation of model performance[J]．*Bulletin American Meteorological Society*，**63**：1309-1313．

Wu D，Yu Q，Lu C，et al，2006．Quantifying production potentials of winter wheat in the North China Plain[J]．*European Journal of Agronomy*，**24**：226-235．

第3章 气候变化背景下东北三省气候资源变化特征

气候资源是农业生产重要的环境条件,全球气候变化背景下,我国气候条件发生显著的变化,近100 a来年平均地表气温明显增加,升幅为0.5～0.8℃(秦大河等,2005;丁一汇等,2006)。东北是我国受气候变化影响最敏感的地区之一,近50 a间平均每10 a增温0.38℃,大部分地区降水量呈下降趋势(刘志娟等,2009;潘根兴等,2011)。农业气候资源是农业自然资源的重要组成部分,也是农业生产的基本条件,对农业生产产生直接的影响(崔读昌,1998)。一个地区光、热、水等气候资源的数量及其组合和分配状况,决定了该地区农业气候资源的优劣,并在一定程度上决定着该地区的农业生产潜力、生产类型、种植结构布局、产量高低以及品质优劣等(顾钧禧,1994)。因此,分析气候变化背景下东北三省气候资源的变化特征,为后续章节研究气候变化对东北玉米的影响与适应提供基础。

本章基于1961—2010年东北三省气象站点逐日地面气象观测数据,分析了全年、四季(春夏秋冬)和玉米生长季内光照、热量和降水资源等主要气候资源的空间分布特征及变化趋势。在分析全年气候资源变化特征时,选择全年日照时数、日照百分率和太阳总辐射作为光照资源指标,全年无霜期、≥0℃积温、≥10℃积温、年平均温度、最冷月温度、最热月温度、年极端最高温度和年极端最低温度作为热量资源指标,年降水量、年降水日数、年平均相对湿度和年参考作物蒸散量作为水分资源指标;在分析四季和玉米生长季内气候资源变化特征时,选择日照时数、平均温度和降水量作为光照、热量和降水资源指标。由于在20世纪80年代我国的气候资源发生显著变化,本章以1981年作为时间节点,将1961—2010年划分为1961—1980年(时段Ⅰ)和1981—2010年(时段Ⅱ)两个时段,比较分析两个时段内的气候资源变化。

3.1 全年气候资源的时空分布特征

计算东北三省1961—2010年全年光照、热量和水分资源,明确研究区域内全年气候资源的空间分布特征和变化趋势,并比较两个时段(时段Ⅰ和时段Ⅱ)内气候资源最高值、最低值和平均值的变化。

3.1.1 光照资源

分别分析全年总日照时数、日照百分率和太阳总辐射时空分布特征。

(1)日照时数

基于地面气象观测资料中日照时数,计算分析1961—2010年东北三省年日照时数空间分布和变化趋势(如图3.1所示),时段Ⅰ和时段Ⅱ两时段年日照时数比较见表3.1。

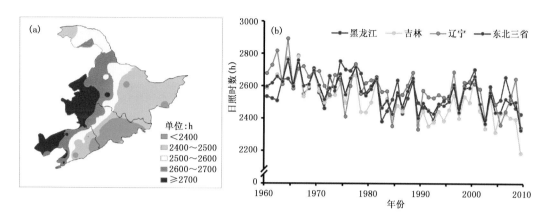

图 3.1　1961—2010 年东北三省年日照时数空间分布(a)和变化趋势(b)

表 3.1　**1961—2010 年东北三省年日照时数**　　　　　　　　　　　　(单位:h)

时段	项目	黑龙江省	吉林省	辽宁省	东北三省
Ⅰ	最低值	2377.4	2284.6	2368.5	2284.6
	最高值	2917.4	2975.4	2918.0	2975.4
	平均值	2623.4	2597.0	2661.7	2628.0
Ⅱ	最低值	2319.9	2169.7	2210.2	2169.7
	最高值	2830.4	2887.4	2786.0	2887.4
	平均值	2523.0	2454.6	2535.1	2506.7

由图 3.1 可以看出,1961—2010 年东北三省全年日照时数平均为 2554.7 h,其中,黑龙江省、吉林省和辽宁省分别为 2563.0、2511.4 和 2584.3 h。东北三省全年日照时数总体呈现自西向东递减的空间分布特征;其中,辽宁西部、吉林西部和黑龙江西南部地区年日照时数最高,近 50 年全年平均日照时数高于 2600 h;辽宁省东部、吉林省东南部和黑龙江西部地区年日照时数最低,平均日照时数低于 2500 h;1961—2010 年,东北三省全年日照时数均总体呈现下降趋势,平均下降速率为 41.6 h/10a。

表 3.1 为各站点时段Ⅰ和时段Ⅱ内年日照时数平均值、最高值和最低值,由表中数据可以看出,1961—1980 年(时段Ⅰ),东北三省平均年日照时数为 2284.6～2975.4 h,平均为 2628.0 h;1981—2010 年(时段Ⅱ)在 2169.7～2887.4 h 之间,平均为 2506.7 h;时段Ⅱ内年日照时数较时段Ⅰ下降了 121.3 h。其中,吉林省全年日照时数的下降趋势最为明显,平均下降速率为 55.9 h/10a,时段Ⅱ内年日照时数平均值较时段Ⅰ下降了 142.4 h;黑龙江省和辽宁省全年日照时数下降速率分别为 25.3 和 47.6 h/10a,时段Ⅱ内年日照时数较时段Ⅰ分别下降了 100.4 h 和 126.6 h。

(2)日照百分率

基于第 2 章中可照时数计算方法,结合东北三省各台站的地理信息,计算得到 1961—2010 年全年的可照时数,并结合实际的日照时数,计算分析东北三省年日照百分率空间分布和变化趋势(如图 3.2 所示),两个时段年日照百分率比较见表 3.2。

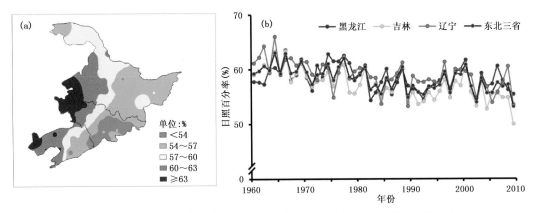

图 3.2　1961—2010 年东北三省年日照百分率空间分布(a)和变化趋势(b)

表 3.2　1961—2010 年东北三省年日照百分率　　　　(单位：%)

时段	项目	黑龙江省	吉林省	辽宁省	东北三省
	最低值	54.4	52.1	54.0	52.1
I	最高值	66.6	67.8	66.5	67.8
	平均值	59.9	59.2	60.7	60.0
	最低值	53.0	49.6	50.4	49.6
II	最高值	64.6	65.9	63.6	65.9
	平均值	57.6	56.0	57.8	57.2

由图 3.2 可以看出,1961—2010 年东北三省全年日照百分率平均为 58.3%,黑龙江省、吉林省和辽宁省分别为 58.5%、57.3% 和 59.0%。全年日照百分率空间上总体呈自西向东递减的分布特征;其中,吉林西部、辽宁西部和黑龙江西南部地区日照百分率最高,近 50 年平均全年日照百分率高于 60%;黑龙江北部和东部、吉林省东部和辽宁省东部日照百分率最低,近 50 年平均全年日照百分率低于 57%;1961—2010 年东北三省全年日照百分率总体呈下降趋势,平均下降速率为每 10 年下降 0.9%。

表 3.2 数据为各站点时段 I 和时段 II 内年日照百分率平均值、最高值和最低值,由表可以看出,1961—1980 年,东北三省年日照百分率在 52.1%～67.8% 之间,平均为 60.0%;1981—2010 年,东北三省年日照百分率在 49.6%～65.9% 之间,平均为 57.2%;时段 II 年日照百分率平均值较时段 I 下降了 2.8 个百分点。其中,吉林省和辽宁省全年日照百分率下降速率较大,分别为每 10 a 下降 1.3 个百分点和 1.1 个百分点,时段 II 年日照百分率平均值较时段 I 分别下降了 3.2 个百分点和 2.9 个百分点;黑龙江省全年日照百分率平均每 10 年下降 0.6 个百分点,时段 II 中年日照百分率平均值较时段 I 下降了 2.3 个百分点。

(3)太阳总辐射

基于第 2 章中太阳总辐射的计算方法,结合东北三省各台站的地理信息及观测的日照时数,计算得到 1961—2010 年东北三省年太阳总辐射空间分布和变化趋势(如图 3.3 所示),两时段年太阳总辐射比较见表 3.3。

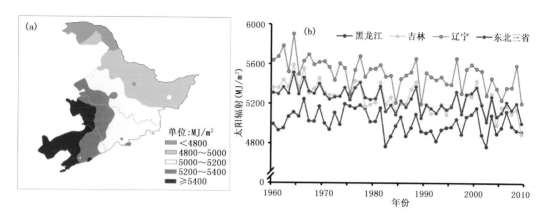

图 3.3　1961—2010 年东北三省年太阳总辐射空间分布(a)和变化趋势(b)

表 3.3　1961—2010 年东北三省年太阳总辐射　　　　(单位:MJ/m²)

时段	项目	黑龙江省	吉林省	辽宁省	东北三省
I	最低值	4416.3	5109.4	5246.5	4416.3
	最高值	5459.9	5756.4	5958.7	5958.7
	平均值	5071.6	5354.6	5598.2	5325.9
II	最低值	4412.9	4950.6	5095.7	4412.9
	最高值	5315.6	5482.6	5795.4	5795.4
	平均值	4967.2	5193.8	5446.1	5189.4

由图 3.3 可以看出,1961—2010 年东北三省全年太阳总辐射平均为 5244.7 MJ/m²,其中,黑龙江省、吉林省和辽宁省全年平均太阳总辐射分别为 5011.0 MJ/m²、5259.3 MJ/m² 和 5505.6 MJ/m²。东北三省全年太阳总辐射空间上总体呈现由西南向东北方向递减且黑龙江北部最低的分布特征;辽宁大部和吉林西部地区全年太阳总辐射量最高,均高于 5200 MJ/m²,黑龙江中、北部地区全年太阳总辐射量最低,低于 5000 MJ/m²;黑龙江南部和吉林东部地区全年太阳总辐射为 5000～5200 MJ/m²;1961—2010 年东北三省全年太阳总辐射均呈现下降趋势,平均下降速率为 47.5 MJ/(m²·10a)。

由表 3.3 可以看出,1961—1980 年,东北三省全年太阳总辐射在 4416.3～5958.7 MJ/m² 之间,平均为 5325.9 MJ/m²;1981—2010 年,东北三省全年太阳总辐射在 4412.9～5795.4 MJ/m² 之间,平均为 5189.4 MJ/m²;时段 II 中全年太阳总辐射平均值较时段 I 下降了 136.5 MJ/m²。其中,吉林省全年太阳总辐射下降趋势最为明显,下降速率为 63.8 MJ/(m²·10a),时段 II 中全年太阳总辐射平均值较时段 I 减少了 160.8 MJ/m²;辽宁省和黑龙江省全年太阳总辐射下降速率分别为 57.9 和 26.1 MJ/(m²·10a),时段 II 中全年太阳总辐射平均值较时段 I 分别减少了 152.1 和 104.4 MJ/m²。

由此可以看出,1961—2010 年东北三省全年光照资源(日照时数、日照百分率和太阳总辐射)均呈现下降趋势,且吉林省光照资源的下降速率最快,而辽宁省的日照百分率下降速率较快。

3.1.2 热量资源

选择无霜期、≥0℃积温、≥10℃积温、年平均温度、最冷月温度、最热月温度、极端最低温度和极端最高温度指标,分析热量资源的时空分布特征。

(1)无霜期

无霜期是指一年当中终霜后和初霜前的一段时期,与农作物生长发育密切相关,是保障农作物生长重要的农业气候指标。选择百叶箱日最低气温降到2℃或以下作为霜冻的气候指标(中国农业科学院,1999),计算1961—2010年东北三省无霜期起始日期、终止日期和持续日数空间分布及变化趋势(如图 3.4 所示),两时段无霜期持续日数比较见表 3.4。

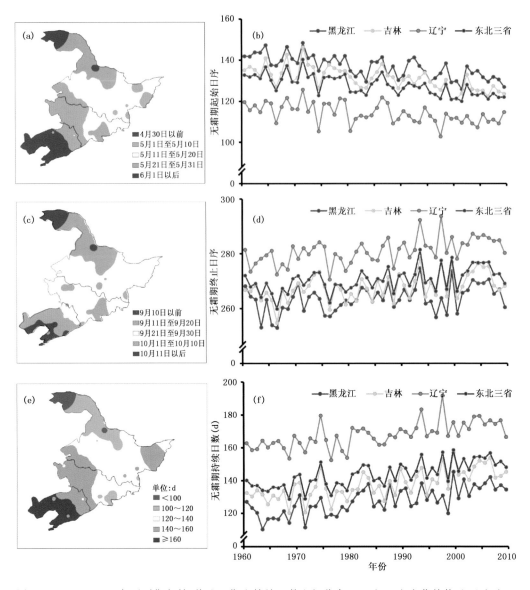

图 3.4 1961—2010 年无霜期起始、终止日期和持续日数空间分布(a,c 和 e)和变化趋势(b,d 和 f)

表 3.4　1961—2010 年东北三省无霜期持续日数　　　　　（单位:d）

时段	项目	黑龙江省	吉林省	辽宁省	东北三省
I	最低值	73	98	130	73
	最高值	140	151	208	208
	平均值	122	132	162	138
II	最低值	72	114	144	72
	最高值	150	159	215	215
	平均值	132	142	172	148

由图 3.4 和表 3.4 可以看出,1961—2010 年间,东北三省无霜期起始日期在 4 月 4 日至 6 月 15 日之间,无霜期终止日期在 8 月 25 日至 11 月 1 日之间,无霜期持续日数在 72～215 d 之间,平均为 144 d。其中,辽宁省大部、吉林省西部和黑龙江省西南部无霜期起始日期在 5 月 1 日以前,无霜期终止日期在 10 月 1 日以后,无霜期持续在 140 d 以上;黑龙江省北部和吉林省长白山区无霜期起始日期在 5 月 20 日以后,无霜期终止日期在 9 月 20 日之前,无霜期持续在 120 d 以下。

1961—2010 年,东北三省无霜期起始日期普遍提前,平均每 10 年提前 2.4 d,黑龙江省和吉林省提前速率(2.8 d/10a 和 2.5 d/10a)大于辽宁省(1.7 d/10a);终止日期普遍延后,平均每 10 年延后 1.5 d,延后速率由大到小依次为辽宁省(1.7 d/10a)、吉林省(1.5 d/10a)、黑龙江省(1.3 d/10a);无霜期持续时间延长,平均每 10 年延长 3.8 d,延长速率由大到小依次为黑龙江省(4.1 d/10a)、吉林省(4.0 d/10a)、辽宁省(3.8 d/10a)。1961—1980 年,东北三省无霜期持续日数在 73～208 d 之间,平均为 138 d;1981—2010 年,东北三省无霜期持续日数在 72～215 d 之间,平均为 148 d;时段 II 中无霜期持续日数较时段 I 平均延长了 10 d。

(2)≥0℃积温

≥0℃积温是指示喜凉作物生长重要热量指标,基于第 2 章中五日滑动平均法确定的稳定通过 0℃起止日期,计算 1961—2010 年东北三省≥0℃积温空间分布和变化趋势(如图 3.5 所示),两时段≥0℃积温比较见表 3.5。

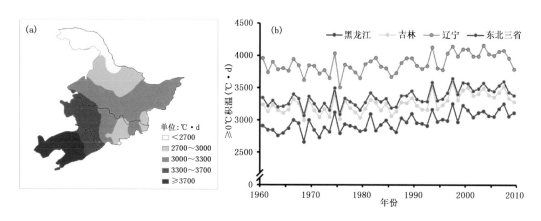

图 3.5　1961—2010 年东北三省≥0℃积温空间分布(a)和变化趋势(b)

表 3.5　1961—2010 年东北三省≥0℃积温　　　　（单位：℃·d）

时段	项目	黑龙江省	吉林省	辽宁省	东北三省
I	最低值	2086.1	2521.9	3314.9	2086.1
	最高值	3299.5	3562.8	4053.8	4053.8
	平均值	2854.5	3154.7	3779.2	3242.9
II	最低值	2107.6	2611.7	3484.8	2107.6
	最高值	3470.7	3710.0	4329.4	4329.4
	平均值	3038.9	3317.8	3941.3	3413.7

由图 3.5 可以看出，1961—2010 年东北三省≥0℃积温平均为 3351.5℃·d，其中，黑龙江省、吉林省和辽宁省≥0℃积温平均为 2973.5、3258.6 和 3881.2℃·d。东北三省≥0℃积温呈现明显的纬向分布，由南向北递减，且黑龙江北部和吉林省东部地区最低。辽宁省、吉林省西部南部和黑龙江省西南部≥0℃积温最高，均高于 3300℃·d；黑龙江北部和吉林省东部地区≥0℃积温均低于 3000℃·d；1961—2010 年东北三省≥0℃积温均呈现明显的上升趋势，平均速率为 61.7℃·d/10a。

由表 3.5 可以看出，1961—1980 年，≥0℃积温在 2086.1～4053.8℃·d 之间，平均为 3242.9℃·d；1981—2010 年，≥0℃积温在 2107.6～4329.4℃·d 之间，平均为 3413.7℃·d；时段 II 较时段 I≥0℃积温平均值增加了 170.8℃·d。其中，黑龙江省≥0℃积温增加趋势最为明显，增加速率为 68.3℃·d/10a，时段 II 中≥0℃积温平均值较时段 I 增加了 184.4℃·d；吉林省和辽宁省≥0℃积温增加速率分别为 60.3 和 55.1℃·d/10a，时段 II 中≥0℃积温平均值较时段 I 分别增加了 163.1 和 162.1℃·d。

（3）≥10℃积温

≥10℃积温是喜温作物生长重要热量指标，基于第 2 章中五日滑动平均法确定的稳定通过 10℃起止日期，计算 1961—2010 年东北三省≥10℃积温空间分布和变化趋势（如图 3.6 所示），两时段≥10℃积温比较见表 3.6。

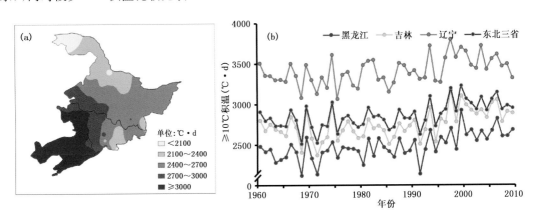

图 3.6　1961—2010 年东北三省≥10℃积温空间分布（a）和变化趋势（b）

表 3.6　1961—2010 年东北三省≥10℃积温　　　　（单位：℃·d）

时段	项目	黑龙江省	吉林省	辽宁省	东北三省
Ⅰ	最低值	1637.0	1901.4	2790.3	1637.0
	最高值	2857.1	3090.0	3559.7	3559.7
	平均值	2374.4	2645.6	3300.0	2754.5
Ⅱ	最低值	1647.8	2016.2	2976.3	1647.8
	最高值	2983.7	3227.5	3812.5	3812.5
	平均值	2543.7	2806.2	3474.0	2922.8

由图 3.6 可以看出,1961—2010 年东北三省≥10℃积温平均为 2864.7℃·d,其中,黑龙江省、吉林省和辽宁省≥10℃积温平均为 2484.3、2753.4 和 3413.0℃·d。东北三省≥10℃积温呈现明显的纬向分布,由南向北递减,且黑龙江省北部和吉林省东部地区最低。辽宁省、吉林省西部南部和黑龙江省西南部≥10℃积温最高,均高于 2700℃·d;黑龙江省北部和吉林省东部地区≥10℃积温均低于 2400℃·d;1961—2010 年东北三省≥10℃积温均呈现明显的上升趋势,平均速率为 61.0℃·d/10a。

由表 3.6 可以看出,1961—1980 年,≥10℃积温在 1637.0～3559.7℃·d 之间,平均为 2754.5℃·d;1981—2010 年,≥10℃积温在 1647.8～3812.5℃·d 之间,平均为 2922.8℃·d;时段 Ⅱ 较时段 Ⅰ≥10℃积温平均值增加了 168.3℃·d。其中,黑龙江省≥10℃积温增加趋势最为明显,增加速率为 68.1℃·d/10a,时段 Ⅱ 中≥10℃积温平均值较时段 Ⅰ增加了 169.3℃·d;吉林省和辽宁省≥10℃积温平均值增加速率分别为 61.6 和 52.2℃·d/10a,时段 Ⅱ 中≥10℃积温平均值较时段 Ⅰ分别增加了 160.6 和 174℃·d。

(4)年平均温度

1961—2010 年东北三省年平均温度空间分布和变化趋势如图 3.7 所示,两时段年平均温度比较见表 3.7。

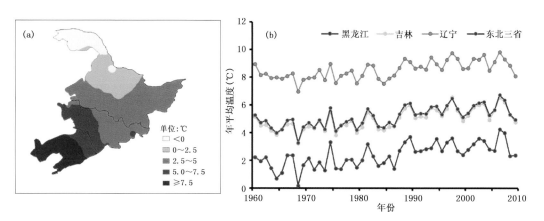

图 3.7　1961—2010 年东北三省年平均温度空间分布(a)和变化趋势(b)

表 3.7　1961—2010 年东北三省年平均温度　　　　　　　　（单位：℃）

时段	项目	黑龙江省	吉林省	辽宁省	东北三省
I	最低值	−4.8	2.2	5.3	−4.8
	最高值	4.3	6.5	10.2	10.2
	平均值	1.7	4.3	8.0	4.5
II	最低值	−3.8	2.8	6.3	−3.8
	最高值	5.3	7.6	11.3	11.3
	平均值	2.8	5.3	8.8	5.5

由图 3.7 可以看出,1961—2010 年东北三省年平均温度为−3.8～11.3℃,平均为 5.1℃,其中,黑龙江省、吉林省和辽宁省年平均温度分别为 2.4、5.0 和 8.5℃。东北三省年平均温度呈现由南向北的纬向分布特征,辽宁省和吉林省西部地区年平均温度最高,高于 5℃;黑龙江省北部的漠河、黑河和呼玛地区年平均温度低于 0℃;1961—2010 年东北三省年平均温度呈现明显的上升趋势,平均增温速率为 0.3℃/10a。

由表 3.7 可以看出,1961—1980 年,年平均温度在−4.8～10.2℃之间,平均为 4.5℃;1981—2010 年,年平均温度在−3.8～11.3℃之间,平均为 5.5℃;与时段 I 比较,时段 II 年平均温度增加了 1.0℃。其中,黑龙江省和吉林省年平均温度增加趋势最为明显,增加速率分别为 0.4℃/10a 和 0.3℃/10a,时段 II 年平均温度较时段 I 分别增加了 1.1℃和 1.0℃;辽宁省年平均温度增加速率为 0.2℃/10a,时段 II 年平均温度较时段 I 增加了 0.8℃。

(5)最冷月平均温度

1 月为东北三省月平均温度最低月份,1961—2010 年最冷月平均温度空间分布和变化趋势如图 3.8 所示,两时段最冷月平均温度比较见表 3.8。

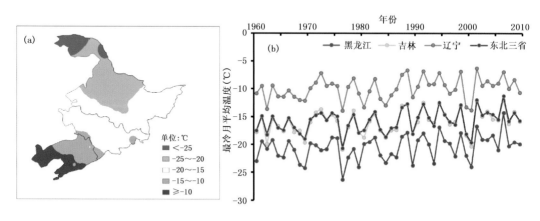

图 3.8　1961—2010 年东北三省最冷月平均温度空间分布(a)和变化趋势(b)

由图 3.8 可以看出,1961—2010 年东北三省最冷月平均温度为−29.6～−4.3℃,平均为−20.5℃,其中,黑龙江省、吉林省和辽宁省最冷月平均温度分别为−20.5、−15.9 和−9.9℃。最冷月平均温度呈现由南向北的纬向分布特征,辽宁省和吉林省南部最冷月平均温度最高,高于−15℃;黑龙江省齐齐哈尔—安达—哈尔滨—尚志—通河—依兰—佳木斯一线以北地区最冷月平均温度在−20℃以下;1961—2010 年东北三省最冷月平均温度呈现明显的上升趋势,且上升速率高于年平均温度的增加趋势,平均增温速率为 0.5℃/10a。

表 3.8　1961—2010 年东北三省最冷月平均温度　　　　　　(单位:℃)

时段	项目	黑龙江省	吉林省	辽宁省	东北三省
Ⅰ	最低值	−30.8	−19.3	−15.9	−30.8
	最高值	−17.0	−14.3	−5.0	−5.0
	平均值	−21.6	−16.9	−10.6	−16.6
Ⅱ	最低值	−28.7	−17.9	−14.3	−28.7
	最高值	−16.0	−12.1	−3.6	−3.6
	平均值	−19.9	−15.5	−9.6	−15.3

　　由表 3.8 可以看出,1961—1980 年,最冷月平均温度在 −30.8 ～ −5.0℃之间,平均为 −16.6℃;1981—2010 年,最冷月平均温度在 −28.7 ～ −3.6℃之间,平均为 −15.3℃;时段Ⅱ 较时段Ⅰ最冷月平均温度增加了 1.3℃。其中,最冷月平均温度的增加趋势由大到小依次为 黑龙江省(0.5℃/10a)、吉林省(0.5℃/10a)、辽宁省(0.4℃/10a),时段Ⅱ较时段Ⅰ最冷月平均 温度分别增加了 1.7、1.4 和 1.0℃。

　　(6)最热月平均温度

　　7 月为东北三省月平均温度最高月份,1961—2010 年最热月平均温度空间分布和变化趋 势如图 3.9 所示,两时段最热月平均温度比较见表 3.9。

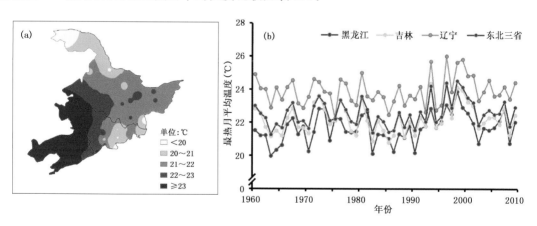

图 3.9　1961—2010 年东北三省最热月平均温度空间分布(a)和变化趋势(b)

表 3.9　1961—2010 年东北三省最热月平均温度比较　　　　　　(单位:℃)

时段	项目	黑龙江省	吉林省	辽宁省	东北三省
Ⅰ	最低值	18.4	18.7	22.4	18.4
	最高值	23.4	23.7	24.8	24.8
	平均值	21.4	22.1	23.8	22.4
Ⅱ	最低值	18.4	18.9	22.6	18.4
	最高值	23.6	24.1	25.3	25.3
	平均值	21.8	22.3	24.0	22.6

由图 3.9 可以看出,1961—2010 年东北三省最热月平均温度为 18.4～25.0℃,平均为 22.6℃,其中,黑龙江省、吉林省和辽宁省最热月平均温度分别为 21.6、22.2 和 23.9℃。最热月平均温度呈现由南向北的纬向分布特征,辽宁省、吉林省西部南部和黑龙江省西南部最热月平均温度最高,高于 22℃;黑龙江省嫩江—孙吴—黑河一线以北地区最热月平均温度在 20℃以下;1961—2010 年东北三省最热月平均温度呈现明显的上升趋势,但上升速率低于年平均温度的增加趋势,平均增温速率为 0.1℃/10a。

由表 3.9 可以看出,1961—1980 年,最热月平均温度在 18.4～24.8℃ 之间,平均为 22.4℃;1981—2010 年,最热月平均温度在 18.4～25.3℃ 之间,平均为 22.6℃;时段Ⅱ较时段Ⅰ最热月平均温度增加了 0.2℃。其中,最热月平均温度的增加趋势由大到小依次为黑龙江省(0.2℃/10a)、吉林省(0.1℃/10a)、辽宁省(0.1℃/10a),时段Ⅱ较时段Ⅰ最热月平均温度分别增加了 0.4、0.2 和 0.2℃。

(7)年极端最低温度

选择各气象站点逐年观测到的日最低温度的最低值作为年极端最低温度,得到 1961—2010 年东北三省年极端最低温度空间分布和变化趋势(如图 3.10 所示),两时段年极端最低温度比较见表 3.10。

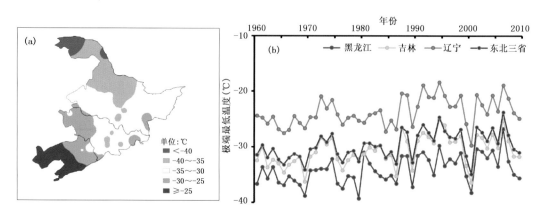

图 3.10　1961—2010 年东北三省年极端最低温度空间分布(a)和变化趋势(b)

表 3.10　1961—2010 年东北三省年极端最低温度比较　　　　　　(单位:℃)

时段	项目	黑龙江省	吉林省	辽宁省	东北三省
Ⅰ	最低值	−46.6	−38.8	−33.5	−46.6
	最高值	−29.8	−28.7	−16.2	−16.2
	平均值	−35.8	−32.4	−25.1	−31.3
Ⅱ	最低值	−44.3	−35.5	−30.0	−44.3
	最高值	−27.3	−25.0	−14.0	−14.0
	平均值	−33.0	−29.8	−23.0	−28.8

由图 3.10 可以看出,1961—2010 年东北三省年极端最低温度为 −45.3～−15.1℃,平均为 −30.0℃,其中,黑龙江省、吉林省和辽宁省年极端最低温度平均值分别为 −34.1、−30.7 和 −23.7℃。黑龙江省嫩江—克山—海伦—铁力—宜春一线以北地区年极端最低温度低于

—40℃;辽宁省大部和吉林省西部地区年极端最低温度高于—30℃;1961—2010 年东北三省年极端最低温度呈现明显的上升趋势,平均速率为每 10 年增加 0.8℃。

由表 3.10 可以看出,1961—1980 年,年极端最低温度在—46.6~—16.2℃之间,平均为—31.3℃;1981—2010 年,年极端最低温度在—44.3~—14.0℃之间,平均为—28.8℃;时段Ⅱ较时段Ⅰ年极端最低温度增加了 2.5℃。其中,年极端最低温度的增加趋势由大到小依次为黑龙江省(0.8℃/10a)、吉林省(0.8℃/10a)、辽宁省(0.7℃/10a),时段Ⅱ较时段Ⅰ最热月平均温度分别增加了 2.8、2.6 和 2.1℃。

(8)年极端最高温度

选择各气象站点逐年观测到的日最高温度的最高值作为年极端最高温度,得到 1961—2010 年东北三省年极端最高温度空间分布和变化趋势(如图 3.11 所示),两时段年极端最高温度比较见表 3.11。

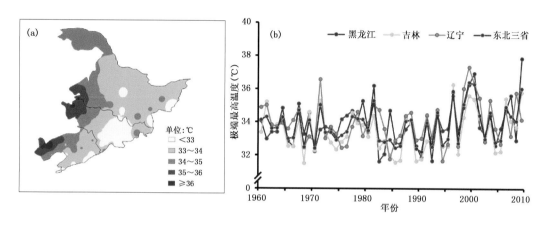

图 3.11　1961—2010 年东北三省年极端最高温度空间分布(a)和变化趋势(b)

表 3.11　1961—2010 年东北三省年极端最高温度　　　　　　　　(单位:℃)

时段	项目	黑龙江省	吉林省	辽宁省	东北三省
Ⅰ	最低值	31.8	30.3	31.6	30.3
	最高值	36.4	36.4	37.4	37.4
	平均值	33.6	33.4	33.8	33.6
Ⅱ	最低值	31.9	30.6	32.5	30.6
	最高值	35.8	36.0	37.3	37.3
	平均值	34.0	33.4	34.1	33.9

由图 3.11 可以看出,1961—2010 年东北三省年极端最高温度为 30.3~37.4℃,平均为 33.8℃,其中,黑龙江省、吉林省和辽宁省年极端最高温度平均值分别为 33.9、33.5 和 34.0℃。东北三省年极端最高温度总体呈现由西到东逐渐降低的空间分布特征,辽宁省西部、吉林省西部和黑龙江省西南部的年极端最高温度最高,在 35℃ 以上;黑龙江省铁力、尚志、虎林、绥芬河等地区,吉林省梅河口—桦甸—蛟河一线以东地区和辽宁省的庄河、丹东、宽甸地区年极端最高温度最低,在 33℃ 以下;1961—2010 年东北三省年极端最高温度变化趋势不明显。

由表 3.11 可以看出,1961—1980 年,年极端最高温度在 30.3~37.4℃ 之间,平均为

33.6℃;1981—2010年,年极端最高温度在30.6~37.3℃之间,平均为33.9℃;时段Ⅱ较时段Ⅰ年极端最高温度增加了0.3℃。黑龙江省、吉林省和辽宁省年极端最高温度平均值时段Ⅱ较时段Ⅰ分别增加了0.4、0和0.3℃。

由此可以得出,1961—2010年东北三省全年无霜期普遍延长,热量资源(≥0℃积温、≥10℃积温、年平均温度、最冷月平均温度、最热月平均温度、年极端最低温度和年极端最高温度)均呈现不同程度的上升趋势。其中,黑龙江省无霜期的延长速率和热量资源的增加速率均高于吉林省和辽宁省;与时段Ⅰ相比,时段Ⅱ内最冷月平均温度和极端最低温度的增温幅度高于最热月平均温度和极端最高温度增温幅度。

3.1.3　水分资源

选择年降水量、降水日数、平均相对湿度和参考作物蒸散量指标,分析水分资源的时空分布特征。

(1)年降水量

通过计算各气象站点逐年降水量,得到1961—2010年东北三省年降水量空间分布和变化趋势(如图3.12所示),两时段年降水量比较见表3.12。

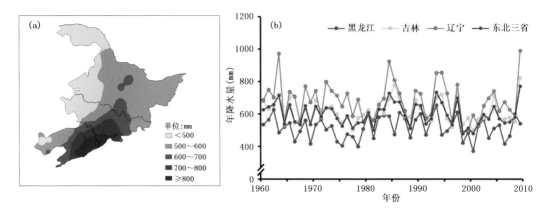

图3.12　1961—2010年东北三省年降水量空间分布(a)和变化趋势(b)

表3.12　1961—2010年东北三省年降水量　(单位:mm)

时段	项目	黑龙江省	吉林省	辽宁省	东北三省
Ⅰ	最低值	368.6	409.5	475.8	368.6
	最高值	666.4	947.0	1124.6	1124.6
	平均值	519.1	632.6	706.9	613.5
Ⅱ	最低值	397.1	370.7	449.5	370.7
	最高值	656.5	917.6	1077.8	1077.8
	平均值	526.9	619.9	673.8	602.0

由图3.12可以看出,1961—2010年东北三省年降水量在384.8~1099.6 mm之间,平均为599.7 mm,其中,黑龙江省、吉林省和辽宁省年降水量平均值分别为516.4、617.2和681.4 mm。东北三省年降水量总体呈现由东南到西北递减的趋势,辽宁省庄河—本溪—章党—清

源一线以东地区和吉林省梅河口—桦甸—松江一线以南地区年降水量最高,均高于 700 mm;吉林省双辽—长岭—前郭尔罗斯一线以西地区和黑龙江省安达—明水—克山一线以西、嫩江—呼玛一线以北地区年降水量最低,均低于 500 mm;1961—2010 年东北三省年降水量总体呈现降低的趋势,下降速率平均为 4.4 mm/10a。

　　由表 3.12 可以看出,1961—1980 年,年降水量在 368.6~1124.6 mm 之间,平均为 613.5 mm;1981—2010 年,年降水量在 370.7~1077.8 mm 之间,平均为 602.0 mm;时段Ⅱ较时段Ⅰ年降水量平均值减少了 11.5 mm。年降水量下降速率由大到小依次为辽宁省(9.2 mm/10a)、吉林省(3.6 mm/10a)、黑龙江省(1.0 mm/10a);黑龙江省时段Ⅱ较时段Ⅰ内平均年降水量增加了 7.8 mm;吉林省和辽宁省时段Ⅱ较时段Ⅰ内平均年降水量分别减少了 12.7 和 33.1 mm。

　　(2)年降水日数

　　通过计算各气象站点逐年降水日数,得到 1961—2010 年东北三省年降水日数空间分布和变化趋势(如图 3.13 所示),两时段年降水日数比较见表 3.13。

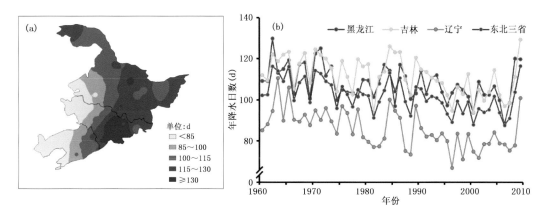

图 3.13　1961—2010 年东北三省年降水日数空间分布(a)和变化趋势(b)

表 3.13　1961—2010 年东北三省年降水日数　　　　　　　　　　　　　(单位:d)

时段	项目	黑龙江省	吉林省	辽宁省	东北三省
Ⅰ	最低值	75	72	69	69
	最高值	144	169	131	169
	平均值	114	119	95	109
Ⅱ	最低值	75	63	64	63
	最高值	132	156	113	156
	平均值	106	110	82	100

　　由图 3.13 可以看出,1961—2010 年东北三省年降水日数在 67~161 d 之间,平均为 103 d,其中,黑龙江省、吉林省和辽宁省年平均降水日数分别为 109、112 和 86 d。东北三省年降水日数总体呈现由西向东逐渐升高的空间分布特征,黑龙江省尚志—铁力—宜春—孙吴一线以东地区和吉林省通化—桦甸—蛟河一线以东地区年降水日数最多,均在 115 d 以上;辽宁省庄河—鞍山—彰武一线以西地区、吉林省双辽—长岭—前郭尔罗斯一线以西和黑龙江省安达—

富裕一线以西地区年降水日数最少,均在 85 d 以下;1961—2010 年东北三省年降水日数总体呈现降低的趋势,下降速率平均为 3 d/10a。

由表 3.13 可以看出,1961—1980 年,年降水日数在 69～169 d 之间,平均为 109 d;1981—2010 年,年降水日数在 63～156 d 之间,平均为 100 d;时段Ⅱ较时段Ⅰ年降水日数平均值减少了 9 d。黑龙江省、吉林省和辽宁省年降水日数的下降速率分别为 3、3 和 4 d/10a,时段Ⅱ较时段Ⅰ内平均年降水日数分别减少了 8、9 和 13 d。

(3)年平均相对湿度

通过计算各站点逐年日平均相对湿度的平均值,得到 1961—2010 年东北三省年平均相对湿度空间分布和变化趋势(如图 3.14 所示),两时段年平均相对湿度比较见表 3.14。

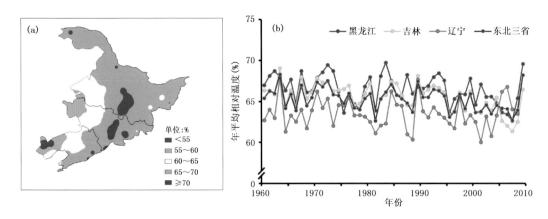

图 3.14　1961—2010 年东北三省年平均相对湿度空间分布(a)和变化趋势(b)

表 3.14　1961—2010 年东北三省年平均相对湿度　　　　(单位:%)

时段	项目	黑龙江省	吉林省	辽宁省	东北三省
Ⅰ	最低值	59	58	52	52
	最高值	73	73	71	73
	平均值	68	67	64	66
Ⅱ	最低值	57	55	51	51
	最高值	73	70	71	73
	平均值	66	65	63	65

由图 3.14 可以看出,1961—2010 年东北三省年平均相对湿度在 52%～73%之间,平均为 65%,其中,黑龙江省、吉林省和辽宁省年平均相对湿度分别为 66%、66%和 64%。东北三省年平均相对湿度由东向西逐渐减小,辽宁省锦州—黑山—彰武一线以西地区和吉林省长岭—乾安一线以西地区年平均相对湿度最低,在 60%以下;黑龙江省嫩江—克山—明水一线以东以北地区、吉林省四平—长春—三岔河一线以东地区和辽宁省营口—本溪—章党—开原一线以东地区年平均相对湿度在 65%以上;1961—2010 年东北三省年平均相对湿度无明显变化趋势。

由表 3.14 可以看出,1961—1980 年,年平均相对湿度在 52%～73%之间,平均为 66%;1981—2010 年,年平均相对湿度在 51%～73%之间,平均为 65%;时段Ⅱ较时段Ⅰ年平均相对湿度平均降低了 1 个百分点。与 1961—1980 年相比,1981—2010 年黑龙江省、吉林省和辽宁省年平均相对湿度分别降低了 2、2 和 1 个百分点。

（4）年参考作物蒸散量

采用第 2 章参考作物蒸散量的计算方法，计算各气象站点逐年参考作物蒸散量，1961—2010 年东北三省年参考作物蒸散量空间分布和变化趋势如图 3.15 所示，两时段年参考作物蒸散量比较见表 3.15。

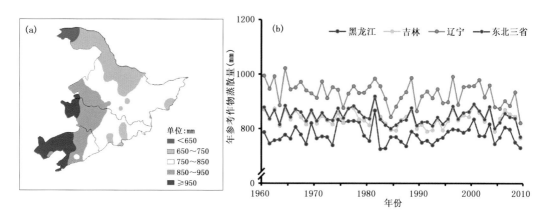

图 3.15　1961—2010 年东北三省年参考作物蒸散量空间分布（a）和变化趋势（b）

表 3.15　1961—2010 年东北三省年参考作物蒸散量　　　　　（单位：mm）

时段	项目	黑龙江省	吉林省	辽宁省	东北三省
Ⅰ	最低值	590.3	719.1	775.7	590.3
	最高值	973.9	1005.3	1113.2	1113.2
	平均值	775.0	837.3	938.8	846.5
Ⅱ	最低值	587.9	731.0	753.5	587.9
	最高值	956.2	1020.4	1059.5	1059.5
	平均值	773.8	833.1	921.1	839.0

由图 3.15 可以看出，1961—2010 年东北三省年参考作物蒸散量在 588.9～1084.5 mm 之间，平均为 845.2 mm，其中，黑龙江省、吉林省和辽宁省年参考作物蒸散量分别为 778.3、837.6 和 930.7 mm。东北三省年参考作物蒸散量由西向东逐渐减少，辽宁省瓦房店—熊岳—鞍山—彰武一线以西地区和吉林省白城—通榆一线以西地区年参考作物蒸散量最大，在 950 mm 以上；黑龙江省嫩江—北安—铁力—宜春一线以北地区和吉林省靖宇—敦化一线以南地区年参考作物蒸散量最低，在 650 mm 以下；1961—2010 年东北三省年参考作物蒸散量总体呈现下降的趋势，平均下降速率为 4.4 mm/10a。

由表 3.15 可以看出，1961—1980 年，年参考作物蒸散量在 590.3～1113.2 mm，平均为 846.5 mm；1981—2010 年，年参考作物蒸散量在 587.9～1059.5 mm，平均为 839.0 mm；时段 Ⅱ 较时段 Ⅰ 年参考作物蒸散量平均值减少了 7.5 mm。东北三省年参考作物蒸散量下降速率由大到小依次为辽宁省（10.7 mm/10a）、吉林省（2.8 mm/10a）、黑龙江省（0.4 mm/10a）；与 1961—1980 年相比，1981—2010 年黑龙江省、吉林省和辽宁省平均年参考作物蒸散量分别减少了 1.2、4.2 和 17.7 mm。

从以上分析可看出,1961—2010 年东北三省的年降水量和年降水日数均呈现下降的趋势,下降速率表现为辽宁省＞吉林省＞黑龙江省;年平均相对湿度无明显变化;年参考作物蒸散量总体呈现下降的趋势,下降速率和下降幅度均表现为辽宁省＞吉林省＞黑龙江省。

3.2 各季节气候资源的时空分布特征

东北三省四季分明、雨热同期,且昼夜温差大。分析不同季节的气候资源,进一步明确东北三省气候资源的年内分布特征。本节基于 1961—2010 年东北三省气象站点的观测数据,明确春季(3—5 月)、夏季(6—8 月)、秋季(9—11 月)和冬季(12 月至翌年 2 月)的日照时数、平均温度和降水量的时空变化特征。

3.2.1 各季节日照时数的时空分布特征

(1)春季日照时数时空分布特征

1961—2010 年东北三省春季日照时数空间分布和变化趋势如图 3.16 所示,两时段春季日照时数比较见表 3.16。

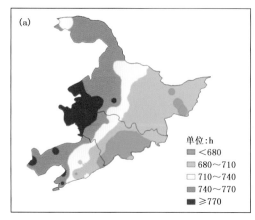
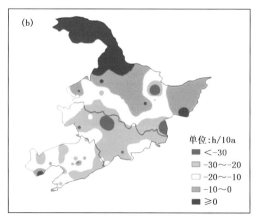

图 3.16 1961—2010 年东北三省春季日照时数空间分布(a)及变化趋势(b)

表 3.16 1961—2010 年东北三省春季日照时数 (单位:h)

时段	项目	黑龙江省	吉林省	辽宁省	东北三省
Ⅰ	最低值	671.6	674.4	704.1	671.6
	最高值	813.4	827.3	818.7	827.3
	平均值	740.4	741.5	759.6	746.9
Ⅱ	最低值	638.5	619.1	641.6	619.1
	最高值	784.9	808.6	761.5	808.6
	平均值	718.8	691.3	716.8	710.0

由图 3.16 可以看出,1961—2010 年东北三省春季日照时数在 648.5～808.0 h 之间,平均为 727.4 h,其中,黑龙江省、吉林省和辽宁省春季日照时数平均为 729.1、714.6 和 737.1 h。东北三省春季日照时数总体呈现由西向东递减的空间分布特征,吉林省西部的双辽—长岭—

乾安一线以西和黑龙江安达—齐齐哈尔一线以西地区春季日照时数最高,在 770 h 以上;辽宁省大连—鞍山—彰武一线以西、吉林省四平—长春—三岔河一线以西和黑龙江省哈尔滨—绥化—克山—孙吴一线以西以北地区春季日照时数在 740 h 以上;吉林省东部的蛟河—桦甸—靖宇一线以东地区春季日照时数最低,在 680 h 以下;1961—2010 年,东北三省 84.5% 的站点春季日照时数总体呈现下降趋势,平均下降速率为 15.5 h/10a,在黑龙江省北部西部和辽宁省南部的部分站点春季日照时数呈现上升趋势。

由表 3.16 可以看出,1961—1980 年,春季日照时数在 671.6~827.3 h 之间,平均为 746.9 h;1981—2010 年,春季日照时数在 619.1~808.6 h 之间,平均为 710.0 h;时段 Ⅱ 较时段 Ⅰ 春季日照时数平均下降了 36.9 h。1961—2010 年,吉林省春季日照时数的下降速率最大,平均下降速率为 22.9 h/10a,时段 Ⅱ 较时段 Ⅰ 春季日照时数平均值减少了 50.2 h;黑龙江省春季日照时数的下降速率最小,平均下降速率为 8.8 h/10a,时段 Ⅱ 较时段 Ⅰ 春季日照时数平均值减少了 21.6 h;辽宁省春季日照时数下降速率平均为 16.5 h/10a,时段 Ⅱ 较时段 Ⅰ 春季日照时数平均值减少了 42.8 h。

(2)夏季日照时数时空分布特征

1961—2010 年东北三省夏季日照时数空间分布和变化趋势如图 3.17 所示,两时段夏季日照时数比较见表 3.17。

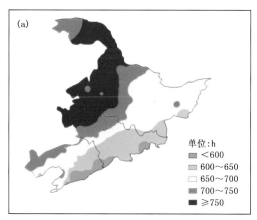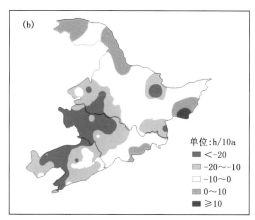

图 3.17　1961—2010 年东北三省夏季日照时数空间分布(a)及变化趋势(b)

表 3.17　1961—2010 年东北三省夏季日照时数　　　　　　　　(单位:h)

时段	项目	黑龙江省	吉林省	辽宁省	东北三省
Ⅰ	最低值	637.6	568.4	509.1	509.1
	最高值	833.0	816.5	780.3	833.0
	平均值	748.0	689.0	673.8	706.5
Ⅱ	最低值	592.9	562.4	491.4	491.4
	最高值	809.0	759.4	739.3	809.0
	平均值	709.1	649.8	636.5	667.3

由图 3.17 可以看出,1961—2010 年东北三省夏季日照时数在 499.8~821.0 h 之间,平均为 685.8 h,其中,黑龙江省、吉林省和辽宁省夏季日照时数平均为 727.2、667.1 和 654.2 h。

东北三省夏季日照时数总体呈现由西北向东南方向递减的空间分布特征,吉林省长岭—前郭尔罗斯一线以西以北地区和黑龙江省哈尔滨—绥化—海伦—孙吴一线以西以北地区夏季日照时数最高,在 750 h 以上;黑龙江省虎林—鸡西—牡丹江一线以东以南地区、吉林省蛟河—桦甸—梅河口一线以东以南地区和辽宁省清原—章党—沈阳—鞍山—庄河一线以东地区夏季日照时数最低,在 650 h 以下,其中吉林省的延吉、长白、集安和辽宁省的桓仁、宽甸、丹东、岫岩、庄河站点夏季日照时数在 600 h 以下;1961—2010 年,东北三省 84.5% 的站点夏季日照时数总体呈现下降趋势,平均下降速率为 12.0 h/10a,在黑龙江省北部、东部和吉林省东部的部分站点夏季日照时数呈现上升趋势。

由表 3.17 可以看出,1961—1980 年,夏季日照时数在 509.1～833.0 h 之间,平均为 706.5 h;1981—2010 年,夏季日照时数在 491.4～809.0 h 之间,平均为 667.3 h;时段 II 较时段 I 夏季日照时数平均下降了 39.2 h。辽宁省和吉林省夏季日照时数下降速率最大,平均下降速率分别为 15.6 和 15.2 h/10a,时段 II 较时段 I 夏季日照时数平均分别减少了 37.3 和 39.2 h;黑龙江省夏季日照时数下降速率最小,平均为 6.4 h/10a,时段 II 较时段 I 夏季日照时数平均下降了 38.9 h。

(3)秋季日照时数时空分布特征

1961—2010 年东北三省秋季日照时数空间分布和变化趋势如图 3.18 所示,两时段秋季日照时数比较见表 3.18。

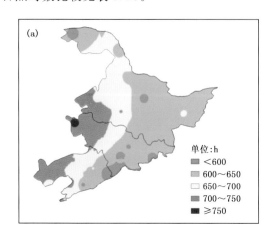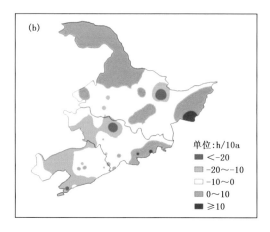

图 3.18　1961—2010 年东北三省秋季日照时数空间分布(a)及变化趋势(b)

表 3.18　1961—2010 年东北三省秋季日照时数　　　　　　　　(单位:h)

时段	项目	黑龙江省	吉林省	辽宁省	东北三省
	最低值	587.0	558.8	584.7	558.8
I	最高值	759.7	770.9	753.1	770.9
	平均值	666.5	660.2	687.3	671.4
	最低值	572.4	542.0	562.4	542.0
II	最高值	749.6	754.4	731.9	754.4
	平均值	652.8	639.8	660.8	651.5

由图 3.18 可以看出,1961—2010 年东北三省秋季日照时数在 549.8～758.2 h 之间,平均为 660.9 h,其中,黑龙江省、吉林省和辽宁省秋季日照时数分别平均为 659.2、649.4 和 673.4 h。东北三省秋季日照时数总体呈现自西向东递减的空间分布特征,黑龙江省安达—富裕一线以西地区、吉林省前郭尔罗斯—长岭—双辽一线以西地区和辽宁省彰武—黑山一线以西地区秋季日照时数最高,在 700 h 以上,其中吉林省白城以西地区秋季日照时数在 750 h 以上;黑龙江省呼玛以北地区、孙吴—铁力—绥化—哈尔滨一线以东地区、吉林省蛟河—桦甸—梅河口一线以东地区和清原—章党—本溪—岫岩一线以东地区秋季日照时数最低,在 650 h 以下,其中黑龙江省北部的漠河地区,吉林省东部的延吉、桦甸、靖宇、通化、集安地区以及辽宁省东部的宽甸、桓仁地区秋季日照时数在 600 h 以下;1961—2010 年,东北三省 67.6％的站点秋季日照时数总体呈现下降趋势,平均下降速率为 4.8 h/10a,在黑龙江省北部、东部和吉林省东部的部分站点秋季日照时数呈现上升趋势。

由表 3.18 可以看出,1961—1980 年,秋季日照时数在 558.8～770.9 h 之间,平均为 671.4 h;1981—2010 年,秋季日照时数在 542.0～754.4 h 之间,平均为 651.5 h;时段 II 较时段 I 秋季日照时数平均下降了 19.9 h。辽宁省秋季日照时数下降速率最大,平均为 9.1 h/10a,时段 II 较时段 I 秋季日照时数平均值减少了 26.5 h;黑龙江省秋季日照时数的下降速率最小,平均为 0.1 h/10a,时段 II 较时段 I 秋季日照时数平均值减少了 13.7 h;吉林省秋季日照时数下降速率平均为 6.2 h/10a,时段 II 较时段 I 秋季日照时数平均值减少了 20.4 h。

(4)冬季日照时数时空分布特征

1961—2010 年东北三省冬季日照时数空间分布和变化趋势如图 3.19 所示,两时段冬季日照时数比较见表 3.19。

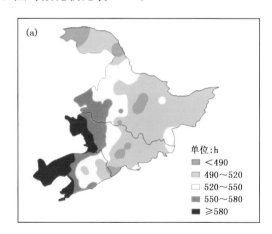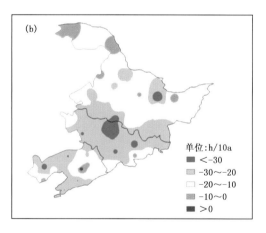

图 3.19 1961—2010 年东北三省冬季日照时数空间分布(a)及变化趋势(b)

从图 3.19 可以看出,1961—2010 年东北三省冬季日照时数在 451.1～635.8 h 之间,平均为 540.6 h,其中,黑龙江省、吉林省和辽宁省冬季日照时数分别平均为 519.0、537.7 和 568.6 h。东北三省冬季日照时数总体呈现自西向东递减的空间分布特征,吉林省白城—通榆—长岭—四平以西地区和辽宁省彰武—黑山—营口—熊岳—大连一线以西地区冬季日照时数最高,在 580 h 以上;黑龙江省黑河以北地区、克山—海伦—绥化—哈尔滨一线以东地区、吉林省三岔河—梅河口一线以东地区和辽宁省章党—宽甸一线以东地区冬季日照时数最低,在 520 h

表 3.19 1961—2010 年东北三省冬季日照时数　　　　　（单位：h）

时段	项目	黑龙江省	吉林省	辽宁省	东北三省
I	最低值	451.1	473.3	483.0	451.1
	最高值	590.5	641.1	635.2	641.1
	平均值	533.2	553.9	579.2	554.2
II	最低值	420.1	421.2	486.1	420.1
	最高值	570.0	628.4	637.6	637.6
	平均值	505.6	522.8	558.4	527.8

以下,其中黑龙江省北部的黑河和呼玛地区、中部的铁力地区、吉林省中部的梅河口、桦甸地区以及北部的桓仁地区,冬季日照时数在 490 h 以下;1961—2010 年,东北三省 98.6% 的站点冬季日照时数总体呈现下降趋势,平均下降速率为 20.0 h/10a,仅在辽宁省中部的本溪站点冬季日照时数呈现上升趋势。

由表 3.19 可以看出,1961—1980 年,冬季日照时数在 451.1~641.1 h 之间,平均为554.2 h;1981—2010 年,冬季日照时数在 420.1~637.6 h 之间,平均为 527.8 h;时段 II 较时段 I 冬季日照时数平均下降了 26.7 h。冬季日照时数下降速率由大到小依次为吉林省(22.6 h/10a)、辽宁省(19.7 h/10a)、黑龙江省(18.2 h/10a),时段 II 较时段 I 冬季日照时数平均值分别减少了 31.1、20.8 和 27.6 h。

3.2.2　各季节平均温度的时空分布特征

（1）春季平均温度时空分布特征

1961—2010 年东北三省春季平均温度空间分布和变化趋势如图 3.20 所示,两时段春季平均温度比较见表 3.20。

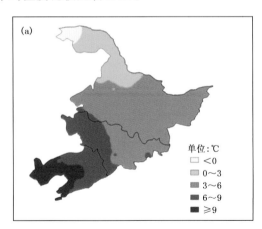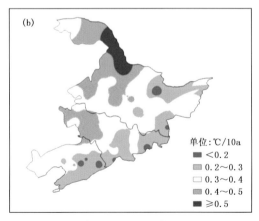

图 3.20　1961—2010 年东北三省春季平均温度空间分布(a)及变化趋势(b)

由图 3.20 可以看出,1961—2010 年东北三省春季平均温度在 −1.7~10.6℃ 之间,平均为 6.2℃,其中,黑龙江省、吉林省和辽宁省春季平均温度分别为 3.9、6.1 和 9.0℃。东北三省春季平均温度由南向北逐渐降低,辽宁省大连—岫岩—本溪—黑山—阜新一线以西以南地区春季平均温度最高,在 9℃ 以上;黑龙江省嫩江—孙吴一线以北地区春季平均温度最低,在 3℃

表 3.20　1961—2010 年东北三省春季平均温度　　　　　　（单位:℃）

时段	项目	黑龙江省	吉林省	辽宁省	东北三省
Ⅰ	最低值	-2.4	3.1	6.6	-2.4
	最高值	5.8	7.8	9.9	9.9
	平均值	3.2	5.5	8.4	5.6
Ⅱ	最低值	-1.2	3.7	7.6	-1.2
	最高值	6.9	8.6	11.1	11.1
	平均值	4.6	6.7	9.5	6.8

以下,其中黑龙江最北部的漠河地区春季平均温度低于 0℃;1961—2010 年,东北三省所有站点春季平均温度均呈现上升趋势,平均上升速率为 0.3℃/10a。

由表 3.20 可以看出,1961—1980 年,春季平均温度在 -2.4～9.9℃之间,平均为 5.6℃;1981—2010 年,春季平均温度在 -1.2～11.1℃之间,平均为 6.8℃;时段Ⅱ较时段Ⅰ春季平均温度上升了 1.2℃。黑龙江省、吉林省和辽宁省春季平均温度上升速率分别为 0.4、0.3 和 0.3℃/10a,时段Ⅱ较时段Ⅰ春季平均温度分别增加了 1.4、1.2 和 1.1℃。

(2)夏季平均温度时空分布特征

1961—2010 年东北三省夏季平均温度空间分布和变化趋势如图 3.21 所示,两时段夏季平均温度比较见表 3.21。

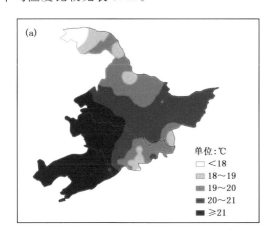
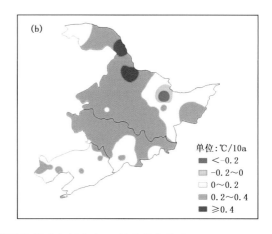

图 3.21　1961—2010 年东北三省夏季平均温度空间分布(a)及变化趋势(b)

表 3.21　1961—2010 年东北三省夏季平均温度　　　　　　（单位:℃）

时段	项目	黑龙江省	吉林省	辽宁省	东北三省
Ⅰ	最低值	16.6	18.0	21.2	16.6
	最高值	21.8	22.2	23.4	23.4
	平均值	19.7	20.8	22.5	20.9
Ⅱ	最低值	16.6	17.6	21.6	16.6
	最高值	22.4	22.8	24.2	24.2
	平均值	20.4	21.1	22.9	21.4

由图 3.21 和表 3.21 中可以看出,1961—2010 年东北三省夏季平均温度在 16.6～23.8℃ 之间,平均为 21.2℃,其中,黑龙江省、吉林省和辽宁省夏季平均温度分别为 20.1、20.9 和 22.7℃。东北三省夏季平均温度总体呈现由南向北逐渐降低、黑龙江省北部和吉林省东部最低的空间分布特征;辽宁省全部、吉林省梅河口—桦甸—蛟河一线以西地区和黑龙江省齐齐哈尔—安达—哈尔滨一线以南地区夏季平均温度最高,在 21℃ 以上;黑龙江省呼玛以北地区和吉林省东部的临江—敦化—松江一线以南地区夏季平均温度最低,在 19℃ 以下,其中黑龙江省的漠河地区和吉林省的长白地区夏季平均温度低于 18℃。

1961—2010 年,东北三省 98.6% 的站点夏季平均温度呈现上升趋势,平均上升速率为 0.2℃/10a;1961—1980 年,东北三省夏季平均温度在 16.6～23.4℃ 之间,平均为 20.9℃; 1981—2010 年,东北三省夏季平均温度在 16.6～24.2℃ 之间,平均为 21.4℃;时段Ⅱ较时段Ⅰ夏季平均温度升高了 0.5℃。黑龙江省、吉林省和辽宁省夏季平均温度上升速率分别为 0.3、0.2 和 0.1℃/10a,时段Ⅱ较时段Ⅰ夏季平均温度分别升高了 0.7、0.3 和 0.4℃。

(3)秋季平均温度时空分布特征

1961—2010 年东北三省秋季平均温度空间分布和变化趋势如图 3.22 所示,两时段秋季平均温度比较见表 3.22。

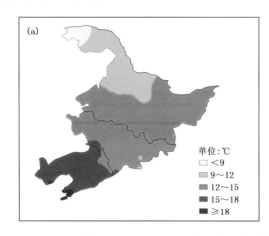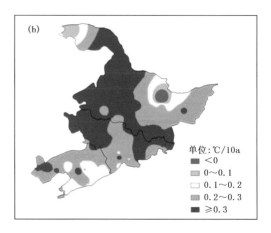

图 3.22 1961—2010 年东北三省秋季平均温度空间分布(a)及变化趋势(b)

表 3.22 1961—2010 年东北三省秋季平均温度 （单位:℃）

时段	项目	黑龙江省	吉林省	辽宁省	东北三省
Ⅰ	最低值	6.7	11.1	14.2	6.7
	最高值	13.9	15.6	19.1	19.1
	平均值	11.9	13.6	16.7	14.0
Ⅱ	最低值	6.8	15.6	14.9	6.8
	最高值	14.6	16.0	19.8	19.8
	平均值	12.7	14.3	17.3	14.6

由图 3.22 可以看出,1961—2010 年东北三省秋季平均温度在 6.8～19.4℃之间,平均为 14.3℃,其中,黑龙江省、吉林省和辽宁省秋季平均温度分别为 12.3、14.0 和 17.0℃。东北三省秋季平均温度总体呈现由南向北逐渐降低的空间分布特征;辽宁省大部和吉林省西南部的双辽、四平地区秋季平均温度最高,在 15℃以上,其中辽宁省南部的大连、绥中地区秋季平均温度在 18℃以上;黑龙江省富裕—克山—海伦—铁力—伊春一线以北地区秋季平均温度最低,在 12℃以下,其中黑龙江省北部的漠河地区秋季最低温度低于 9℃;1961—2010 年,东北三省所有站点秋季平均温度均呈现上升趋势,平均上升速率为 0.3℃/10a。

由表 3.22 可以看出,1961—1980 年,东北三省秋季平均温度在 6.7～19.1℃之间,平均为 14.0℃;1981—2010 年,东北三省秋季平均温度在 6.8～19.8℃之间,平均为 14.6℃;时段 Ⅱ 较时段 Ⅰ 秋季平均温度升高了 0.6℃。黑龙江省、吉林省和辽宁省秋季平均温度上升速率分别为 0.3、0.3 和 0.2℃/10a,时段 Ⅱ 较时段 Ⅰ 秋季平均温度分别升高了 0.8、0.7 和 0.6℃。

(4)冬季平均温度时空分布特征

1961—2010 年东北三省冬季平均温度空间分布和变化趋势如图 3.23 所示,两时段冬季平均温度比较见表 3.23。

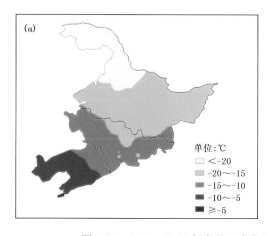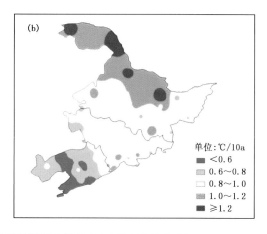

图 3.23　1961—2010 年东北三省冬季平均温度空间分布(a)及变化趋势(b)

表 3.23　1961—2010 年东北三省冬季平均温度　　　　　(单位:℃)

时段	项目	黑龙江省	吉林省	辽宁省	东北三省
Ⅰ	最低值	−28.7	−16.6	−13.2	−28.7
	最高值	−15.1	−11.8	−3.2	−3.2
	平均值	−19.2	−14.5	−8.5	−14.4
Ⅱ	最低值	−26.7	−14.7	−11.5	−26.7
	最高值	−13.6	−9.1	−1.8	−1.8
	平均值	−17.4	−12.7	−7.2	−12.7

由图 3.23 可以看出,1961—2010 年东北三省冬季平均温度在 −27.6～−2.5℃之间,平均为 −13.5℃,其中,黑龙江省、吉林省和辽宁省冬季平均温度分别为 −18.3、−13.6 和 −7.8℃。东北三省冬季平均温度总体呈现由南向北逐渐降低的空间分布特征;辽宁省彰武—

沈阳—本溪—宽甸一线以南地区冬季平均温度最高,在-10℃以上,其中大连地区冬季平均温度高于-5℃;黑龙江省全部和吉林省北部地区冬季平均温度最低,在-15℃以下,其中富裕—克山—孙吴一线以北地区冬季平均温度低于-20℃;1961—2010年,东北三省所有站点冬季平均温度均呈现上升趋势,平均上升速率为0.8℃/10a。

由表3.23可以看出,1961—1980年,冬季平均温度在-28.7~-3.2℃之间,平均为-14.4℃;1981—2010年,冬季平均温度在-26.7~-1.8℃之间,平均为-12.7℃;时段Ⅱ较时段Ⅰ冬季平均温度升高了1.7℃。黑龙江省、吉林省和辽宁省冬季平均温度上升速率分别为1.0、0.9和0.6℃/10a,时段Ⅱ较时段Ⅰ冬季平均温度分别升高了1.8、1.8和1.3℃。

3.2.3 各季节降水量的时空分布特征

(1)春季降水量时空分布特征

1961—2010年东北三省春季降水量空间分布和变化趋势如图3.24所示,两时段春季降水量比较见表3.24。

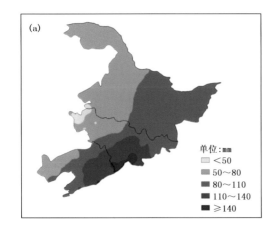 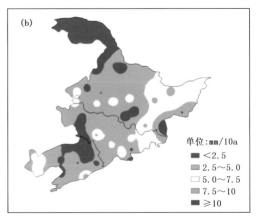

图3.24 1961—2010年东北三省春季降水量空间分布(a)及变化趋势(b)

表3.24 1961—2010年东北三省春季降水量 (单位:mm)

时段	项目	黑龙江省	吉林省	辽宁省	东北三省
Ⅰ	最低值	36.1	41.6	56.0	36.1
	最高值	101.8	148.5	137.8	148.5
	平均值	74.2	97.0	95.2	87.8
Ⅱ	最低值	54.1	47.3	73.9	47.3
	最高值	112.2	165.5	159.2	165.5
	平均值	79.8	104.3	105.6	95.4

由图3.24可以看出,1961—2010年东北三省春季降水量在44.5~158.3 mm之间,平均为91.8 mm,其中,黑龙江省、吉林省和辽宁省春季平均降水量分别为77.3、100.9和100.7 mm。东北三省春季降水量总体呈由西北向东南递增的空间分布特征;辽宁省绥中—锦州—黑山—彰武一线以西地区、吉林省双辽—长春—三岔河一线以西地区和黑龙江省哈尔滨—绥

化—海伦—孙吴一线以西地区春季降水量最低,在 80 mm 以下,其中吉林省西部的白城地区春季降水量不足 50 mm;辽宁省庄河—鞍山—沈阳—章党—清原一线以东地区和吉林省梅河口—桦甸—蛟河—松江一线以东以南地区春季降水量最高,在 110 mm 以上,其中吉林省东部的集安、临江等地区春季降水量在 140 mm 以上;1961—2010 年,东北三省所有站点春季降水量均呈现上升趋势,平均上升速率为 4.0 mm/10a。

由表 3.24 可以看出,1961—1980 年,东北三省春季降水量在 36.1~148.5 mm 之间,平均为 87.8 mm;1981—2010 年,东北三省春季降水量在 47.3~165.5 mm 之间,平均为 95.4 mm;时段Ⅱ较时段Ⅰ春季降水量平均值增加了 7.6 mm。东北三省春季降水量增加速率由大到小依次为黑龙江省(4.5 mm/10a)、辽宁省(3.8 mm/10a)、吉林省(3.7 mm/10a),时段Ⅱ较时段Ⅰ春季降水量平均值分别增加了 5.6、10.4 和 7.3 mm。

(2)夏季降水量时空分布特征

1961—2010 年东北三省夏季降水量空间分布和变化趋势如图 3.25 所示,两时段夏季降水量比较见表 3.25。

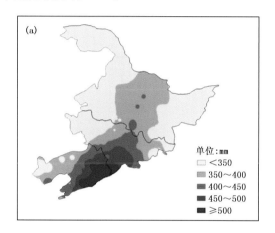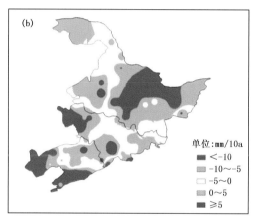

图 3.25　1961—2010 年东北三省夏季降水量空间分布(a)及变化趋势(b)

表 3.25　1961—2010 年东北三省夏季降水量　　　　　　　(单位:mm)

时段	项目	黑龙江省	吉林省	辽宁省	东北三省
Ⅰ	最低值	260.2	295.9	337.9	260.2
	最高值	428.6	591.4	737.0	737.0
	平均值	328.1	401.7	456.6	391.5
Ⅱ	最低值	275.3	268.8	299.8	268.8
	最高值	424.9	559.2	697.9	697.9
	平均值	339.8	385.7	434.4	387.0

由图 3.25 可以看出,1961—2010 年东北三省夏季降水量在 268.9~716.1 mm 之间,平均为 389.2 mm,其中,黑龙江省、吉林省和辽宁省夏季平均降水量分别为 334.2、398.6 和 445.1 mm。东北三省夏季降水量总体呈现由西北向东南递增的空间分布特征;辽宁省西部的叶柏寿、朝阳、阜新、彰武地区和吉林省西部的双辽—长岭—前郭尔罗斯一线以西地区、黑龙江

省西部的安达—明水—克山—孙吴一线以西以北地区和东部的牡丹江—依兰—佳木斯一线以东地区夏季降水量最小,在 350 mm 以下;辽宁省东部的岫岩—本溪一线以东地区和吉林省东南部的通化、集安地区夏季降水量最大,在 500 mm 以上;1961—2010 年,东北三省 71.8% 的站点夏季降水量呈现下降趋势,在辽宁省北部的彰武—鞍山—本溪—桓仁一线以北以东地区、吉林省南部的长春—桦甸—靖宇—临江一线以西以南地区、黑龙江省安达—明水—克山一线以西地区和北部的漠河地区夏季降水量呈现上升趋势。

由表 3.25 可以看出,1961—1980 年,夏季降水量在 260.2~737.0 mm 之间,平均为 391.5 mm;1981—2010 年,夏季降水量在 268.8~697.9 mm 之间,平均为 387.0 mm;时段 II 较时段 I 夏季降水量平均值减少了 4.5 mm。辽宁省和吉林省夏季降水量下降速率分别为 9.8 和 6.0 mm/10a,时段 II 较时段 I 夏季降水量平均值分别减少了 22.2、15.0 mm;黑龙江省夏季降水量总体增加,时段 II 较时段 I 平均增加了 11.7 mm。

(3)秋季降水量时空分布特征

1961—2010 年东北三省秋季降水量空间分布和变化趋势如图 3.26 所示,两时段秋季降水量比较见表 3.26。

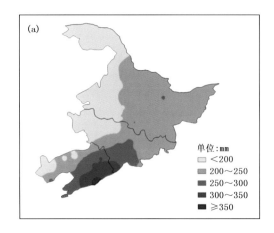
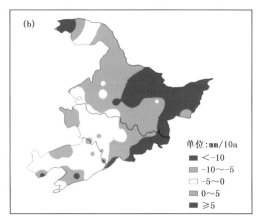

图 3.26 1961—2010 年东北三省秋季降水量空间分布(a)及变化趋势(b)

表 3.26 1961—2010 年东北三省秋季降水量　　　　　　　　　　　　　(单位:mm)

时段	项目	黑龙江省	吉林省	辽宁省	东北三省
I	最低值	135.3	134.6	166.9	134.6
	最高值	259.0	384.6	475.1	475.1
	平均值	209.1	236.1	284.6	241.6
II	最低值	134.1	119.6	153.9	119.6
	最高值	246.4	326.9	413.0	413.0
	平均值	197.4	214.0	261.2	223.0

由图 3.26 可以看出,1961—2010 年东北三省秋季降水量在 133.5~441.8 mm 之间,平均为 231.8 mm,其中,黑龙江省、吉林省和辽宁省秋季平均降水量分别为 202.9、224.4 和 272.5 mm。东北三省秋季降水量总体呈现由西北向东南递增的空间分布特征;辽宁省西部的

叶柏寿、朝阳、阜新、彰武地区,吉林省西部的双辽—长岭—三岔河一线以西地区,黑龙江省西部的哈尔滨—绥化—海伦—黑河一线以西以北地区秋季降水量最小,在 200 mm 以下;辽宁省东部的岫岩—本溪一线以东地区和吉林省东南部的通化、集安地区秋季降水量最大,在 300 mm 以上;1961—2010 年,东北三省 91.5% 的站点秋季降水量呈现下降趋势,仅在辽宁省南部的绥中、兴城地区,吉林省南部的梅河口、通化地区,黑龙江省北部的漠河地区秋季降水量呈现上升趋势。

由表 3.26 可以看出,1961—1980 年,秋季降水量在 134.6～475.1 mm 之间,平均为 241.6 mm;1981—2010 年,秋季降水量在 119.6～413.0 mm 之间,平均为 223.0 mm;时段Ⅱ较时段Ⅰ秋季降水量平均值减少了 18.6 mm。黑龙江省、吉林省和辽宁省秋季降水量的下降速率分别为 7.8、6.8 和 4.4 mm/10a,时段Ⅱ较时段Ⅰ秋季降水量平均值分别减少了 11.7、22.1 和 23.4 mm。

(4)冬季降水量时空分布特征

1961—2010 年东北三省冬季降水量空间分布和变化趋势如图 3.27 所示,两时段冬季降水量比较见表 3.27。

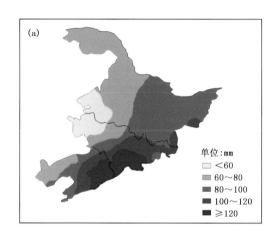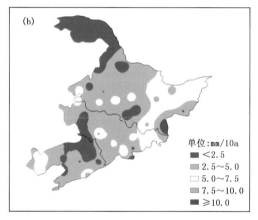

图 3.27　1961—2010 年东北三省冬季降水量空间分布(a)及变化趋势(b)

表 3.27　1961—2010 年东北三省冬季降水量　　　　　　　(单位:mm)

时段	项目	黑龙江省	吉林省	辽宁省	东北三省
	最低值	36.1	41.6	56.0	36.1
Ⅰ	最高值	101.8	148.5	137.8	148.5
	平均值	74.2	97.0	95.2	87.8
	最低值	54.1	47.3	73.9	47.3
Ⅱ	最高值	112.2	165.5	159.2	165.5
	平均值	79.8	104.3	105.6	95.4

由图 3.27 可以看出,1961—2010 年东北三省冬季降水量在 44.5～158.3 mm 之间,平均为 91.8 mm,其中,黑龙江省、吉林省和辽宁省冬季平均降水量分别为 77.3、100.9 和 100.7 mm。东北三省冬季降水量总体呈现由西向东递增的空间分布特征;吉林省长岭—前郭尔罗

斯一线以西地区和黑龙江省安达—富裕一线以西地区冬季降水量最低,在 60 mm 以下;辽宁省东部的岫岩—本溪—清原一线以东地区和吉林省梅河口—桦甸—松江一线以南地区冬季降水量最高,在 120 mm 以上;1961—2010 年,东北三省所有站点冬季降水量呈现上升趋势,平均上升速率为 4.0 mm/10a。

由表 3.27 可以看出,1961—1980 年,冬季降水量在 36.1～148.5 mm 之间,平均为 87.8 mm;1981—2010 年,冬季降水量在 47.3～165.5 mm 之间,平均为 95.4 mm;时段Ⅱ较时段Ⅰ冬季降水量平均值增加了 7.6 mm。黑龙江省、吉林省和辽宁省冬季降水量的上升速率分别为 4.5、3.7 和 3.8 mm/10a,时段Ⅱ较时段Ⅰ秋季降水量平均值分别增加了 5.6、7.3 和 10.4 mm。

综上分析可以看出,1961—2010 年东北三省的日照时数在四个季节内均呈现下降趋势,夏季日照时数的平均下降幅度最高,吉林省在春季、夏季和冬季日照时数的下降速率高于黑龙江和辽宁两省,辽宁省秋季日照时数下降速率最高,黑龙江省四季日照时数的下降速率和下降幅度均最小;东北三省的四季内的平均温度均呈现上升的趋势,冬季平均温度的平均上升幅度最大,黑龙江省的平均温度在四季内的上升幅度和上升速率均高于其他两省,吉林省和辽宁省四季内的增温幅度相当;东北三省春季和冬季降水量呈现上升趋势,夏季和秋季降水量呈现下降的趋势,秋季降水量的下降幅度最大,且黑龙江省秋季降水量的下降速率和下降幅度最高,辽宁省夏季降水量的下降速率和幅度最高。

3.3 玉米生长季内气候资源的时空分布特征

本节采用第 2 章中确定的时段Ⅱ(1981—2010 年)东北三省玉米可能种植区,利用五日滑动平均法确定东北三省稳定通过 10℃的时间段,作为玉米潜在生长季,分析 1961—2010 年玉米生长季内日照时数、平均温度和降水量时空分布特征。

3.3.1 玉米生长季日照时数的时空分布特征

1961—2010 年东北三省玉米生长季内日照时数空间分布和变化趋势如图 3.28 所示,两时段玉米生长季内日照时数比较见表 3.28。

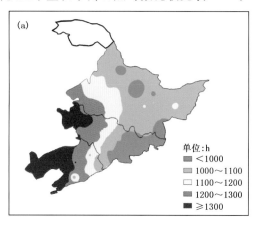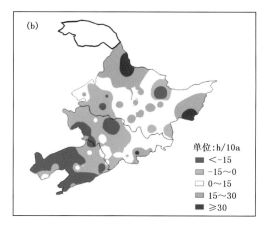

图 3.28　1961—2010 年东北三省玉米生长季内日照时数空间分布(a)及变化趋势(b)

表 3.28　1961—2010 年东北三省玉米生长季内日照时数　　　　（单位：h）

时段	项目	黑龙江省	吉林省	辽宁省	东北三省
I	最低值	891.3	782.0	1081.7	782.0
	最高值	1342.5	1399.3	1545.8	1545.9
	平均值	1090.1	1120.1	1339.8	1181.2
II	最低值	841.3	813.2	1045.9	813.2
	最高值	1305.7	1328.5	1522.3	1522.3
	平均值	1097.5	1101.3	1309.3	1168.2

由图 3.28 可以看出，1961—2010 年东北三省玉米生长季内日照时数在 799.3～1528.6 h 之间，平均为 1174.3 h，其中，黑龙江省、吉林省和辽宁省玉米生长季内平均日照时数分别为 1094.0、1110.3 和 1323.6 h。东北三省玉米生长季内日照时数总体呈现由西向东递减的空间分布特征；辽宁省大连—鞍山—彰武一线以西地区和吉林省长岭—乾安一线以西地区玉米生长季内日照时数最多，在 1300 h 以上；黑龙江省嫩江—克山—海伦—绥化—哈尔滨一线以东以北地区、吉林省梅河口—桦甸—蛟河一线以东地区玉米生长季内日照时数最少，在 1100 h 以下，其中黑龙江省北部的漠河地区、中部的孙吴、伊春地区和东部的绥芬河地区及吉林省通化—靖宇—蛟河一线以东地区玉米生长季内日照时数在 1000 h 以下；1961—2010 年，东北三省 53.5% 的站点玉米生长季内日照时数呈现下降趋势，全区日照时数平均气候倾向率为 3.6 h/10a。

由表 3.28 可以看出，1961—1980 年，玉米生长季内日照时数在 782.0～1545.9 h 之间，平均为 1181.2 h；1981—2010 年，玉米生长季内日照时数在 813.2～1522.3 h 之间，平均为 1168.2 h；时段 II 较时段 I 玉米生长季内平均日照时数减少了 13.0 h。黑龙江省玉米生长季内日照时数总体呈现增加趋势，全省平均增加速率为 11.6 h/10a，时段 II 较时段 I 玉米生长季内平均日照时数增加了 7.4 h，这可能与黑龙江省玉米生长季延长比较明显有关；吉林省和辽宁省玉米生长季内日照时数总体呈现下降趋势，下降速率分别为 6.5 和 18.1 h/10a，时段 II 较时段 I 玉米生长季内平均日照时数分别减少了 18.8 和 30.5 h。

3.3.2　玉米生长季平均温度的时空分布特征

1961—2010 年东北三省玉米生长季内平均温度空间分布和变化趋势如图 3.29 所示，两时段玉米生长季内平均温度比较见表 3.29。

由图 3.29 可以看出，1961—2010 年东北三省玉米生长季内平均温度在 16.0～20.3℃ 之间，平均为 18.6℃，其中，黑龙江省、吉林省和辽宁省玉米生长季内平均温度分别为 17.9、18.4 和 19.4℃。东北三省玉米生长季内平均温度总体呈现由南向北逐渐下降、黑龙江北部和吉林东部最低的空间分布特征；辽宁省熊岳—本溪—沈阳一线以西地区和吉林省西南部地区玉米生长季内平均温度最高，在 19.5℃ 以上；黑龙江省北部的孙吴、黑河、呼玛、漠河地区和吉林省东部的临江—敦化一线以东地区玉米生长季内平均温度最低，在 17.5℃ 以下，长白地区玉米生长季内平均温度低于 16.5℃；1961—2010 年，东北三省所有站点玉米生长季内平均温度均呈现上升趋势，平均上升速率为 0.2℃/10a。

由表 3.29 可以看出，1961—1980 年，玉米生长季内平均温度在 16.0～20.1℃ 之间，平均为 18.5℃；1981—2010 年，玉米生长季内平均温度在 16.4～20.6℃ 之间，平均为 18.8℃；时段

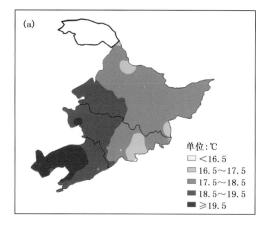 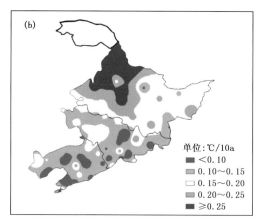

图 3.29　1961—2010 年东北三省玉米生长季内平均温度空间分布(a)及变化趋势(b)

表 3.29　1961—2010 年东北三省玉米生长季内平均温度　　　　　　(单位:℃)

时段	项目	黑龙江省	吉林省	辽宁省	东北三省
Ⅰ	最低值	16.5	16.0	18.3	16.0
	最高值	19.3	19.4	20.1	20.1
	平均值	17.9	18.2	19.3	18.5
Ⅱ	最低值	16.9	16.4	18.6	16.4
	最高值	19.7	19.8	20.6	20.6
	平均值	18.4	18.5	19.5	18.8

Ⅱ较时段Ⅰ玉米生长季内平均温度升高了 0.3℃。1961—2010 年,黑龙江省、吉林省和辽宁省玉米生长季内平均温度的升高速率分别为 0.2、0.1 和 0.1℃/10a,时段Ⅱ较时段Ⅰ玉米生长季内平均温度分别升高了 0.5、0.3 和 0.2℃。

3.3.3　玉米生长季降水量的时空分布特征

1961—2010 年东北三省玉米生长季内降水量空间分布和变化趋势如图 3.30 所示,两时段玉米生长季内降水量比较见表 3.30。

由图 3.30 可以看出,1961—2010 年东北三省玉米生长季内降水量在 331.7～905.6 mm 之间,平均为 495.5 mm,其中黑龙江省、吉林省和辽宁省玉米生长季内平均降水量分别为 413.4、496.1 和 587.7 mm。东北三省玉米生长季内降水量总体呈现由西北向东南递增的空间分布特征;吉林省长岭—前郭尔罗斯一线以西地区和黑龙江省安达—明水—克山—黑河一线以西以北地区玉米生长季内降水量最低,在 400 mm 以下;辽宁省大连—鞍山—沈阳—章党—清原一线以东以南地区和吉林省南部的通化、集安、临江地区玉米生长季内降水量最多,在 600 mm 以上,其中辽宁省丹东和吉林省集安地区玉米生长季内降水量在 700 mm 以上;1961—2010 年,东北三省 74.6% 的站点玉米生长季内降水量呈现减少趋势,全区平均减少速率 4.2 mm/10a,在黑龙江省黑河以北地区、安达—明水—克山一线以西地区和吉林省南部地区玉米生长季内降水量呈现增加趋势。

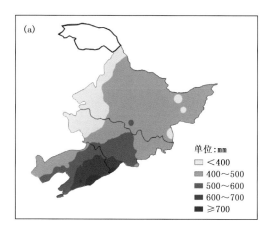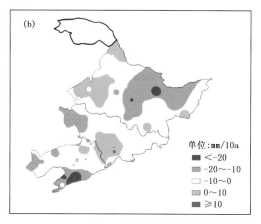

图 3.30　1961—2010 年东北三省玉米生长季内降水量空间分布(a)及变化趋势(b)

表 3.30　1961—2010 年东北三省玉米生长季内降水量　　　　(单位:mm)

时段	项目	黑龙江省	吉林省	辽宁省	东北三省
	最低值	326.4	360.0	430.7	326.4
Ⅰ	最高值	513.0	768.2	923.8	923.8
	平均值	410.1	500.3	599.3	499.3
	最低值	335.8	325.0	402.6	325.0
Ⅱ	最高值	510.0	738.4	889.9	889.9
	平均值	416.4	492.4	576.8	491.9

　　由表 3.30 可以看出,1961—1980 年,玉米生长季内降水量在 326.4～923.8 mm 之间,平均为 499.3 mm;1981—2010 年,玉米生长季内降水量在 325.0～889.9 mm 之间,平均为 491.9 mm;时段Ⅱ较时段Ⅰ玉米生长季内降水量平均值减少了 7.4 mm。1961—2010 年,玉米生长季内降水量的减少速率由大到小依次为辽宁省(9.9 mm/10a)、吉林省(5.4 mm/10a)、黑龙江省(4.2 mm/10a),时段Ⅱ较时段Ⅰ辽宁省和吉林省玉米生长季内降水量平均值分别减少了 22.5 和 7.9 mm,黑龙江省增加了 6.3 mm。

　　综上分析可以看出,1961—2010 年东北三省玉米生长季内日照时数总体呈现下降的趋势,但黑龙江省玉米生长季的日照时数有所增加,辽宁省玉米生长季的日照时数下降幅度最大;玉米生长季内平均温度均呈现升高的趋势,时段Ⅱ较时段Ⅰ玉米生长季内平均温度增加了 0.3℃,黑龙江省的增温速率和增温幅度高于吉林和辽宁两省;东北三省玉米生长季内 74.6% 的站点玉米生长季内降水量呈现减少趋势,辽宁省玉米生长季内降水量的减少速率和减少幅度高于其他两个省。

3.4　小结

　　本章基于 1961—2010 年的地面气象观测资料,重点分析了东北三省全年光照资源(日照时数、日照百分率和太阳总辐射)、热量资源(无霜期、≥0℃积温、≥10℃积温、平均温度、最冷月平均温度、最热月平均温度、年极端最低温度和年极端最高温度)和水分资源(降水量、降水日数、年平均相对湿度和参考作物蒸散量)的时间变化特征和空间变化趋势,及其在春夏秋冬四季和玉米生长季(喜温作物温度生长季)内的时空分布,为气候变化对东北玉米的影响与适应研究提供了基础。

参 考 文 献

崔读昌,1998.农业气候学[M].杭州:浙江科学技术出版社:632-635.

丁一汇,任国玉,石广玉,等,2006.气候变化国家评估报告(I):中国气候变化的历史和未来趋势[J].气候变化研究进展,2(1):3-8.

顾钧禧,1994.大气科学辞典[M].北京:气象出版社.

刘志娟,杨晓光,王文峰,等,2009.气候变化背景下我国东北三省农业气候资源变化特征[J].应用生态学报,20(9):2199-2206.

潘根兴,高民,胡国华,等,2011.气候变化对中国农业生产的影响[J].农业环境科学学报,30(9):1698-1706.

秦大河,丁一汇,苏纪兰,等,2005.中国气候与环境演变评估(I):中国气候与环境变化及未来趋势[J].气候变化研究进展,1(1):4-9.

中国农业科学院,1999.中国农业气象学[M].北京:中国农业出版社.

第4章　气候变化对不同熟型玉米品种可能种植区的影响

第3章研究结果表明,全球气候变化背景下,东北三省热量资源普遍增加,为区域玉米不同熟型品种种植界限北移提供热量保障,种植北界也随之变化,且总体趋势是向高纬度高海拔地区扩展(邓振镛等,2010),玉米品种熟型也呈由早熟向中晚熟演变趋势(张厚瑄,2000;王馥棠,2002;刘志娟等,2010;杨晓光等,2010;Liu et al,2013)。东北玉米以雨养为主,生长季内降水量总体呈减少趋势,且年际年内分布波动性加大,玉米不同熟型品种种植界限北移变化对玉米单产和总产会带来怎样的影响? 界限变化敏感区干旱和低温冷害风险又会发生怎样的变化? 本章基于历史气候资料和未来气候情景,结合前人玉米不同品种所需热量指标,定量了气候变暖对东北不同熟型品种可能种植区域的影响程度,解析和评估界限变化敏感区域单产和总产的变化以及灾害发生风险。为了细致分析影响程度,对历史和未来气候情景分析中,本章将玉米品种种植区域分为早熟带、中熟带、中晚熟带、晚熟带。

4.1　东北三省不同熟型玉米种植北界的变化

根据生育期长短和积温需求,可以将玉米分为不同熟型品种(龚绍先,1988)。玉米生物学下限温度为10℃(龚绍先,1988),稳定通过10℃界限温度的持续日数为气候学的玉米潜在温度生长季,即某一地区一年内作物可能生长的时期(韩湘玲,1999)。依据各区域玉米潜在生长季长度及积温条件,选择适宜熟型品种,玉米可充分利用当地气候资源,发挥品种潜力;相反,若盲目跨积温带种植生育期长品种,生育后期亦遭遇低温冷害,影响产量。本章在前人研究基础上,计算研究区域≥10℃积温,结合东北三省玉米不同熟型品种的积温指标(杨镇,2007),定量分析历史和未来气候变暖对东北三省玉米不同熟型品种安全种植北界(Liu et al,2013;Zhao et al,2014,2016)。气候资源分析表明,东北三省从20世纪80年代开始温度明显升高,因此,我们把过去60年分为两个时段,1951—1980年为时段Ⅰ,1981—2010年为时段Ⅱ,未来气候情景采用政府间气候变化专门委员会(IPCC)基于未来多种可能发展模式提供的4种不同的排放情景(Special Report on Emissions Scenarios,SRES)下的中—高气体排放情景(A2)和全球可持续发展情景(B1),分别驱动模拟得到的2011—2050年代表未来的气候状况(Parry et al,2004)。

4.1.1　历史变化

计算东北三省时段Ⅰ(1951—1980年)和时段Ⅱ(1981—2010年)中各气象站点80%保证率下≥10℃积温值,基于第2章中不同熟型玉米品种对积温的需求指标和插值方法,确定东北三省不同熟型玉米在时段Ⅰ和时段Ⅱ可能种植区域,并比较得出气候变化背景下不同熟型玉米可能种植区域的空间变化(图4.1)。由图可以看出:中晚熟玉米品种可种植区域由西南向东北方向扩展,面积不断扩大,不可种植玉米区和早熟玉米品种种植区域向西北、东南方向收缩。

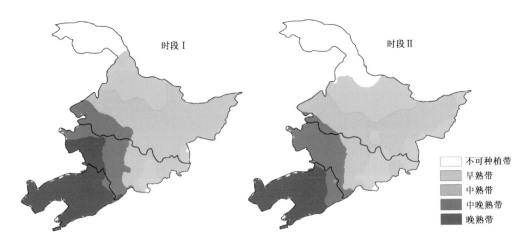

图4.1　1951—2010年东北三省不同熟型玉米品种可种植区变化
(a)时段Ⅰ;(b)时段Ⅱ

　　与时段Ⅰ相比,时段Ⅱ内辽宁省全省基本可种植晚熟品种,晚熟玉米品种可能种植北界在吉林省西南部向东北推移最大距离为180 km;中晚熟玉米品种的可能种植区域由辽宁省东北部、吉林省西部推移至吉林省中部和黑龙江省西南部,其可能种植北界向东北方向推移35~140 km,至齐齐哈尔、安达、哈尔滨、桦甸、临江一线;中熟玉米品种可能种植区域的变化主要集中在黑龙江省中部,其可能种植北界向东南、西北方向分别平均扩展50和130 km,松嫩平原和三江平原基本均可种植中熟品种;早熟玉米品种的可能种植区域则向长白山、小兴安岭方向收缩;不可种植带在黑龙江西北部不同程度收缩。

　　根据东北三省2001—2010年实际耕地面积平均值,假设所有的耕地均种植玉米且面积未发生变化,比较时段Ⅰ和时段Ⅱ内不同熟型玉米品种可能种植区域的面积变化比例(见图4.2)可知:与时段Ⅰ相比,时段Ⅱ中玉米不可种植区和早熟种植区种植北界向北收缩的同时,耕地面积占全区耕地总面积的比例分别由2.89%和20.04%减少为0.36%和7.58%;中熟种植区、中晚熟种植区和晚熟种植区的面积扩大,耕地面积占全区耕地总面积的比例分别由39.90%、19.30%和17.86%增加到43.18%、22.90%和25.98%。

4.1.2　未来变化

　　上一节分析了历史气候变化对东北三省四种不同熟型玉米种植区的影响,本节基于四种熟型品种种植界限指标结合未来情景,分析2011—2050年积温带以及玉米品种种植区域变化。政府间气候变化专门委员会(IPCC)基于未来多种可能的发展模式,提供4种不同排放情景(SRES)。其中A2情景为中—高气体排放情景,考虑了快速的人口增长,与中国的发展状况差异较大,但作为一种假设的高排放情景,可以评估减排最差发展状况下未来气候可能情景;而B1情景为全球可持续发展情景,是一个高经济发展情景,假定世界各国对环境保护达

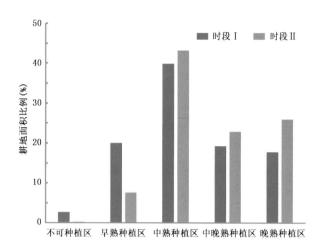

图 4.2　1951—2010 年东北三省不同熟型玉米品种可种植区内耕地面积比例变化

成共识,走向可持续发展道路。因此本研究选取 SRES 的 A2 和 B1 两种排放情景,以 1961—1990 年作为基准时段(Baseline),代表当前气候,分析未来气候变暖对东北三省玉米不同品种种植北界的可能影响(刘志娟等,2010)。

图 4.3 为基准时段及 A2 和 B1 情景下 2011—2050 年东北三省≥10℃积温带的变化。由图 4.3a 和图 4.3b 可以看出,研究区域内≥10℃积温呈明显的纬向带状分布,由南向北逐渐减少。80%保证率下 1961—1990 年≥10℃的积温为 448~3678℃·d,在 A2 气候情景下,2011—2050 年≥10℃积温为 780~3919℃·d,表明研究区域≥10℃积温总体呈增加趋势;与1961—1990 年相比,A2 情景下,2011—2050 年≥3001℃·d 积温带向东北方向推移;2701~3000℃·d 积温带在吉林省乾安—前郭尔罗斯—三岔河一带向北推移了 2.2 个纬度,在吉林省三岔河—长春一带向东推移了 1.4 个经度;2401~2700℃·d 积温带向东北方向推移。

由图 4.3d 和图 4.3e 可以看出,在 50%保证率下,1961—1990 年≥10℃的积温为 652~3799℃·d。在 A2 气候情景下,2011—2050 年≥10℃积温为 1028~4137℃·d;与 1961—1990 年相比,A2 情景下,2011—2050 年≥3001℃·d 积温带向东北方向推移,最北可北移至黑龙江省泰来—安达一带;2701~3000℃·d 积温带在泰来—安达—哈尔滨一带向北推移了2.2 个纬度,在吉林省三岔河—长春—梅河口一带向东推移了 1.3 个经度;2401~2700℃·d积温带向东北方向推移。

与 A2 气候情景下的变化趋势相似,在 B1 情景下研究区域≥10℃积温总体呈升高趋势。由图 4.3a 和图 4.3c 可以看出,在 80%保证率下,1961—1990 年≥10℃的积温为 448~3678℃·d。B1 气候变化情景下,2011—2050 年≥10℃积温为 736~4005℃·d。与 1961—1990 年相比,B1 情景下,2011—2050 年研究区域≥3001℃·d 积温带向东北方向推移,北界可向北推移至吉林省白城—乾安—长春一带;2701~3000℃·d 积温带向北推移到黑龙江省齐齐哈尔—明水—绥化—哈尔滨一带,向东推移到吉林省蛟河—桦甸—靖宇一带;2401~2700℃·d积温带向北推移。

由图 4.3d 和图 4.3f 可以看出,在 50%保证率下,1961—1990 年东北三省≥10℃的积温为 652~3799℃·d。B1 气候变化情景下,2011—2050 年≥10℃积温为 1045~4119℃·d。

与 1961—1990 年相比,B1 情景下,2011—2050 年研究区域≥3001℃·d 积温带向东北方向推移,最北可北移至黑龙江省泰来—安达—哈尔滨一带;2701~3000℃·d 积温带向北推移到富裕—克山—海伦一带,向东推移到蛟河—桦甸—靖宇一带;2401~2700℃·d 积温带向北推移。温度生长期内≥10℃积温的增加,为中晚熟作物品种的种植界限北移提供了热量资源保证,作物生长季的延长为产量的提高提供了前提条件。

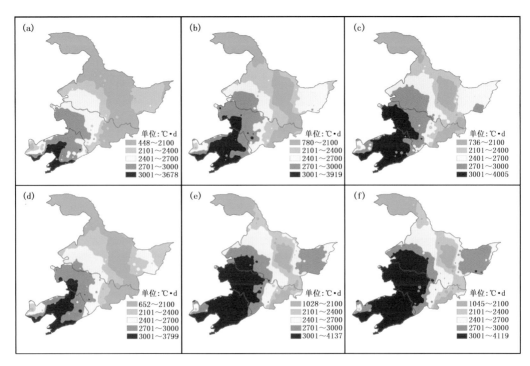

图 4.3　东北三省基准时段(a、d)及 A2 情景(b、e)、B1 情景(c、f)2011—2050 年≥10℃积温分布
(a—c 80%保证率、d—f 50%保证率)

　　图 4.4a—d 分别为 A2 情景下 2030 年和 2050 年东北三省玉米早熟、中熟、中晚熟和晚熟品种种植北界。由图 4.4a 可以看出,气候变暖积温升高,玉米种植界限向北移动。与基准时段 1961—1990 年相比,2030 年和 2050 年玉米早熟品种种植北界由嫩江—孙吴—铁力—通河—牡丹江一带向北移动到漠河—呼玛附近,玉米早熟品种可能种植区面积扩大。由图 4.4b 可以看出,在黑龙江省松嫩平原北部地区,基准时段 1961—1990 年玉米中熟品种种植北界位于富裕—明水—绥化—哈尔滨—尚志一带;到 2030 年界限平均向北移动 2.5 个纬度,到达黑河—孙吴一带;到 2050 年界限移动到黑河以北地区,热量资源增加使原有的种植玉米早熟品种的地区可考虑种植玉米中熟品种。在吉林省中西部平原区,由于热量条件充足,积温满足中熟品种生长发育需求;而在东部长白山农林区,由于海拔较高积温相对较低,部分地区的积温不能满足中熟品种的生长发育,但是随着气候变暖,玉米中熟品种种植界限向东部山区推移,到 2050 年,整个吉林省均可种植玉米中熟品种。辽宁省与其他两省相比积温相对较高,全省均可种植中熟品种。由图 4.4c 可以看出,黑龙江省除松嫩平原南部的泰来、安达以南区域外,其余地区 1961—1990 年积温不能满足玉米中晚熟品种的生长发育要求;到 2030 年黑龙江省中晚熟品种种植北界向北移动约 2.4 个纬度,到达富裕—克山—海伦—尚志一带;到 2050 年

种植界限北移到黑河以北地区,即除最北部漠河附近的部分区域,黑龙江省大部分区域到2050年均可满足玉米中晚熟品种的热量需求。在吉林省的中西部平原地区均可种植玉米中晚熟品种,而东部山区由于海拔相对较高,积温相对较低,大部分地区不能满足玉米中晚熟品种的积温要求,基准时段1961—1990年种植界限的分界线在三岔河—长春—梅河口一带,到2030年,由于气候变暖,玉米中晚熟品种的种植界限将移动到蛟河—桦甸—靖宇—临江一带,平均向东部长白山山区推移了2个经度。由图4.4d可以看出,辽宁省西南部大部分区域可种植玉米晚熟品种,基准时段种植界限在锦州—黑山—鞍山—熊岳—庄河一带,最北可到42°N。气候变暖后种植界限不断向北移动,到2030年吉林省西部地区可种植晚熟品种,到2050年黑龙江省中西部地区也可种植晚熟品种。

　　B1情景下2030年、2050年东北三省玉米早熟、中熟、中晚熟和晚熟品种种植北界变化趋势与A2情景下的变化趋势相似,但是空间位移不同(表4.1)。

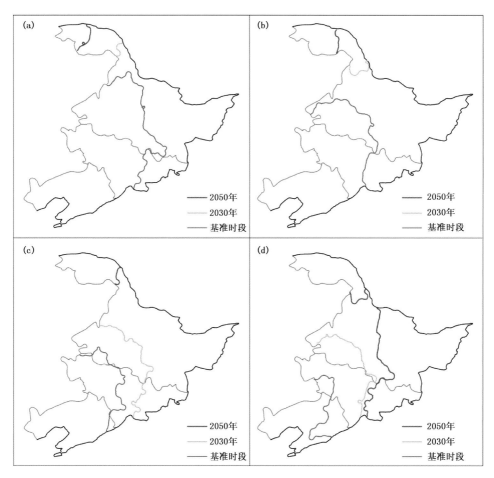

图 4.4　A2 情景下 2030 年和 2050 年玉米不同熟型品种种植北界
(a)早熟品种;(b)中熟品种;(c)中晚熟品种;(d)晚熟品种

表 4.1　B1 情景玉米不同熟型品种种植北界

年份		早熟品种	中熟品种	中晚熟品种	晚熟品种
1961—1990 年	界限	嫩江—孙吴	齐齐哈尔—明水—绥化	泰来—三岔河	章党—开原—四平—长岭
2030 年	界限	呼玛以北	富裕—克山—海伦	齐齐哈尔—明水—绥化	白城—前郭尔罗斯—长春
	移动(纬度)*	2.7	0.6	1.0	1.3
2050 年	界限	呼玛以北	黑河以北	嫩江—孙吴	富裕—克山—海伦
	移动(纬度)*	3.0	2.9	3.8	4.0

* 表示与基准时段 1961—1990 年相比种植界限向北移动的纬度

以 1961—1990 年为基准时段,分析了 A2 和 B1 气候变化情景下 2011—2050 年平均状况 50%及 80%保证率下玉米不同熟型品种种植北界的分布(图 4.5 和表 4.2),50%保证率代表平均状态,而在生产实际中考虑 80%保证率。

基于 1961—1990 年 80%保证率的玉米早熟品种的种植北界位于富裕—克山—海伦—尚志一带,A2 气候情景下 2011—2050 年 80%保证率的玉米早熟品种北界向北移动到黑河附近,向北移动了约 1.8 个纬度;在 50%保证率下,与基准时段(1961—1990 年)相比,2011—2050 年玉米早熟品种的种植北界由嫩江—孙吴一带移动到呼玛以北,平均向北移动了 2.2 个纬度(图 4.5a)。

在黑龙江省松嫩平原北部地区,玉米中熟品种在基准时段 1961—1990 年 80%保证率时,种植北界在泰来—安达—哈尔滨一带,随着气候逐渐变暖,2011—2050 年界限移动到富裕—明水—绥化一带,向北移动了 1.2 个纬度;在 50%保证率下,种植北界由齐齐哈尔—明水—绥化一带移动到嫩江—孙吴一带,平均向北移动 1.7 个纬度,松嫩平原地区由基准时段的早熟品种区,在未来因热量资源增加可考虑种植中熟品种。吉林省桦甸以西由于热量条件充足,积温满足中熟品种生长发育需求,所以均可种植中熟品种。而在东部长白山农林区,由于海拔高,积温相对较低,该地区的积温不能满足中熟品种的生长发育。80%保证率时,基准时段1961—1990 年中熟品种的种植界限位于蛟河—桦甸—靖宇—临江一带,2011—2050 年玉米中熟品种种植界限向东部山区平均推移了 0.7 个经度。50%保证率时,基准时段 1961—1990 年中熟品种的种植界限位于蛟河—桦甸—靖宇—临江一带,2011—2050 年玉米中熟品种种植界限向东移动到敦化—东岗一带,平均移动了 1.2 个经度。由于辽宁省相对其他两省积温较高,全省均可种植玉米中熟品种(图 4.5b)。

黑龙江省绝大部分区域积温不能满足玉米中晚熟品种的生长发育要求。80%保证率条件下,1961—1990 年黑龙江省全省不能满足玉米中晚熟品种的热量需求,但 A2 情景下的 2011—2050 年松嫩平原南部的泰来、齐齐哈尔和安达区域可以种植玉米中晚熟品种。在 50%保证率条件下,2010—2050 年黑龙江省玉米中晚熟品种种植北界与 1961—1990 年相比平均向北移动了约 2 个纬度。在 80%和 50%保证率下,2011—2050 年吉林省玉米中晚熟品种种植北界与 1961—1990 年相比分别平均向东移动了 0.8 个经度、1.0 个经度(图 4.5c)。

基准时段 1961—1990 年 80%保证率时,玉米晚熟品种种植界限在辽宁省黑山—沈阳—鞍山一带,A2 情景下 2011—2050 年界限移动到吉林省长岭—四平—开原一带,平均向北移动 2.4 个纬度。在 50%保证率下,与 1961—1990 年相比,2011—2050 年玉米晚熟品种种植界限由章党—开原—四平—长岭一带移动到黑龙江泰来—安达—三岔河一带,平均向北移动了 2.5 个纬度(4.5d)。

B1 情景下界限的变化与 A2 情景的变化情况类似。均表现为随着时间的推移，界限不同程度向北移动（表 4.2）。

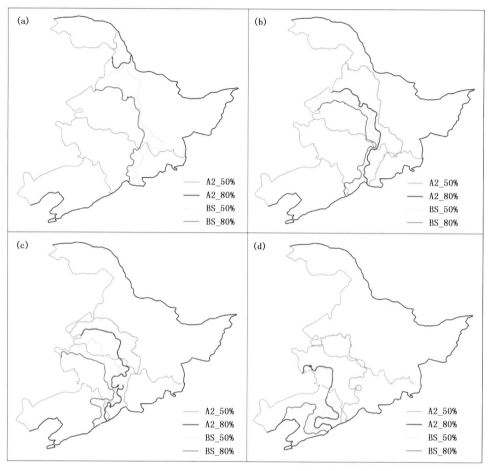

图 4.5　基准时段和 A2 情景下 2011—2050 年玉米不同熟型种植北界变化

（a）早熟品种；（b）中熟品种；（c）中晚熟品种；（d）晚熟品种

（BS_50%（BS_80%），A2_50%（A2_80%）表示基准时段和 A2 情景下 50%（80%）保证率时的界限）

表 4.2　B1 情景玉米不同熟型品种种植北界

保证率	年份	早熟品种	中熟品种	中晚熟品种	晚熟品种
80%	1961—1990 年	富裕—克山—海伦	泰来—安达—哈尔滨	白城—乾安—前郭尔罗斯—长春	黑山—沈阳—鞍山
	2011—2050 年	呼玛以北	嫩江—孙吴	富裕—明水—绥化	白城—乾安—长春
	界限北移（纬度）	2.0	2.4	2.3	3.6
50%	1961—1990 年	嫩江—孙吴	齐齐哈尔—明水—绥化	泰来—三岔河	章党—开原—四平—长岭
	2011—2050 年	呼玛以北	黑河以北	富裕—克山—海伦	齐齐哈尔—明水—绥化
	界限北移（纬度）	2.3	2.6	2.0	3.1

4.2 界限变化导致的干旱和低温冷害风险

上节研究表明,东北三省历史和未来气候情景下玉米不同熟型品种可种植区域向北向高海拔移动,那么在界限变化敏感区域,干旱和低温冷害风险是否增加呢? 本节对此重点进行分析。我们将 1951—1980 年和 1981—2010 年两个时段内相同熟型玉米可能种植区变化范围定义为玉米品种熟型变化的敏感带。依据图 4.1 两个时段内不同熟型可种植区域,确定玉米不同熟型品种变化的敏感带,如图 4.6 所示。基于不同熟型玉米品种变化敏感带内气象站点资料,计算了各站点玉米生长季内缺水率和低温冷害发生频率的变化,分析界限变化导致的干旱和低温灾害的风险。

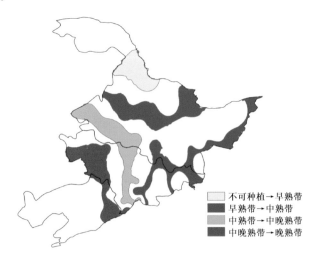

不可种植→早熟带
早熟带→中熟带
中熟带→中晚熟带
中晚熟带→晚熟带

图 4.6　玉米不同熟型品种种植区域变化敏感带

4.2.1 界限变化对玉米干旱的影响

根据第 2 章中玉米生育阶段内需水量的计算方法,基于图 4.6 不同熟型品种变化敏感带内气象站点气候和玉米生育期资料,计算了玉米需水量及同期降水量,得到敏感地带内时段 Ⅱ 较时段 Ⅰ 玉米生长季缺水率的变化,评估由于玉米品种种植界限变化对玉米干旱的影响(如表 4.3 所示,负值表示缺水率降低)。由表中可以看出,与时段 Ⅰ 相比,时段 Ⅱ 内敏感地带玉米生长季缺水率总体增加,即干旱风险增大。其中,早熟至中熟敏感带内的 7 个站点中,克山、明水、鹤岗和虎林站缺水率分别下降了 4.2%、10.9%、8.9% 和 1.4%,其他 3 个站点缺水率升高了 0.8%～13.4%;中熟至中晚熟敏感带内的 7 个站点,除临江站点外,其余站点缺水率下降了 1.3%～10.5%;中晚熟至晚熟敏感带的 9 个站点中,除双辽站外,其余站点缺水率升高0.9%～8.6%。

由此可以看出,玉米品种熟型变化敏感带时段 Ⅱ 内缺水率总体上升,表明干旱风险增加,其中中晚熟至晚熟敏感带内缺水率增加最为明显,但中熟至中晚熟敏感带内的缺水率总体减小。

表 4.3　不同熟型品种变化敏感带缺水率变化

早熟 → 中熟敏感带		中熟 → 中晚熟敏感带		中晚熟 → 晚熟敏感带	
站点	缺水率变化（%）	站点	缺水率变化（%）	站点	缺水率变化（%）
克山	−4.2	齐齐哈尔	−1.6	乾安	1.9
海伦	0.8	安达	−3.8	前郭尔罗斯	5.0
明水	−10.9	哈尔滨	−6.4	通榆	5.4
鹤岗	−8.9	三岔河	−2.1	长岭	8.6
铁力	13.4	桦甸	−10.5	双辽	−3.1
尚志	5.0	通化	−1.3	四平	7.9
虎林	−1.4	临江	6.6	桓仁	0.9
				集安	6.0
				宽甸	6.2

注：负值表示缺水率降低。

4.2.2　界限变化对玉米低温冷害的影响

基于东北玉米低温冷害的指标,计算玉米不同熟型品种变化敏感带各气象站点时段Ⅱ和时段Ⅰ中玉米生长季一般低温冷害和严重低温冷害发生频率,分析低温冷害发生频率变化,评估由于玉米种植界限变化带来的低温冷害影响。由表 4.4 可以看出,与时段Ⅰ相比,时段Ⅱ内玉米低温冷害发生频率总体增加。其中,早熟至中熟敏感带内 7 个站点中,一般低温冷害发生频率除鹤岗和尚志站外,其余站点均有所增加,且增加了 0.3%～16.7%,但各站点中严重低温冷害发生频率则表现为下降趋势;中熟至中晚熟敏感带内的 7 个站点除桦甸站外,一般低温冷害发生频率增加了 2.6%～13.3%,严重低温冷害发生频率在齐齐哈尔、安达和三岔河有所下降,哈尔滨、桦甸和临江站有所增加,通化站无明显变化;中晚熟至晚熟敏感带内的 9 个站点除桓仁和集安站外,其余站点一般低温冷害发生频率增加了 2.2%～16.7%,严重低温冷害在乾安、通榆、长岭和集安增加了 2.6%～9.0%,在其余站点下降了 0.7%～7.9%。

综上所述,时段Ⅱ中一般低温冷害发生频率增加明显,尤其是中熟至中晚熟和中晚熟至晚熟品种变化敏感带内一般低温冷害发生频率增加明显。与此同时,玉米品种熟型变化敏感带严重低温冷害发生频率有所降低,尤其是早熟至中熟敏感带内降低趋势最为明显。

上述研究结果表明,全球气候变化背景下东北三省热量资源增加,玉米不同熟型品种种植北界向北向高海拔地区移动,玉米中晚熟品种可种植区域扩大,玉米不可种植区和早熟品种可能种植区区域缩小。但在玉米不同熟型品种可种植区域变化的敏感带内,由于界限变化带来的缺水率和低温冷害发生频率总体增加,中晚熟至晚熟敏感带内干旱和低温冷害发生的风险增加最为明显。因此,敏感带内通过更换生育期较长品种充分利用热量资源,产量提高,同时干旱和低温冷害风险也增加,在玉米实际生产中,通过抗逆性品种筛选以及抗旱抗低温技术措施减缓干旱和低温冷害的影响。

表 4.4　不同熟型品种变化敏感带低温冷害频率变化　　　　　（单位：%）

早熟→中熟敏感带			中熟→中晚熟敏感带			中晚熟→晚熟敏感带		
站点	一般低温冷害（%）	严重低温冷害（%）	站点	一般低温冷害（%）	严重低温冷害（%）	站点	一般低温冷害（%）	严重低温冷害（%）
克山	16.7	−10.0	齐齐哈尔	13.3	−3.3	乾安	11.7	5.0
海伦	12.9	−4.5	安达	2.9	−1.2	前郭尔罗斯	13.3	−7.9
明水	9.8	−11.7	哈尔滨	3.3	3.3	通榆	9.0	9.0
鹤岗	−0.9	−13.7	三岔河	6.2	−1.0	长岭	9.3	2.6
铁力	0.3	−4.1	桦甸	−1.3	4.7	双辽	16.7	−7.9
尚志	−4.0	−1.4	通化	3.3	0.0	四平	10.0	−3.3
虎林	16.7	−11.7	临江	2.6	2.4	桓仁	−4.5	−0.7
						集安	−4.8	5.9
						宽甸	2.2	−4.8

注：负值表示冷害发生频率减少。

4.3　界限变化对玉米产量的影响

根据 2005—2006 年玉米品种区试试验数据，不同熟型品种生育期长度及产量如图 4.7，区试试验结果表明，不考虑其他影响因素的前提下，生育期长的品种替代生育期相对较短的品种，生长季内若没有气象灾害等逆境影响，生育期延长干物质累积增加，产量增加。如中熟品种替换早熟品种，生育期延长 8 d，玉米增产 9.8%；中晚熟品种替换中熟品种，生育期延长 4 d，玉米增产 4.5%；晚熟品种替换中晚熟品种，生育期延长 5 d，玉米增产 2.5%。

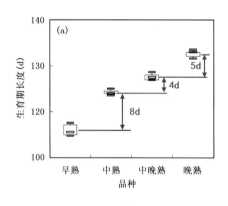
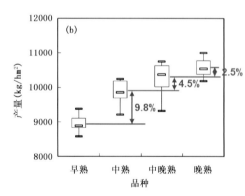

图 4.7　不同熟型品种生育期长度（a）及产量（b）

4.1 节研究结果表明，与 1951—1980 年（时段Ⅰ）相比，1981—2010 年（时段Ⅱ）各熟型品种种植北界不同程度向北移动，使得玉米不可种植带和早熟种植带耕地面积占全区耕地总面积的比例分别由 2.89% 和 20.04% 减少为 0.36% 和 7.58%；中熟带、中晚熟带和晚熟带的面积扩大，耕地面积占全区耕地总面积的比例分别由 39.90%、19.30% 和 17.86% 增加为 43.18%、22.90% 和 25.98%。根据各熟型可种植区的耕地面积变化以及品种替代单产变化可计算得出,由于种植界限北移可使东北三省玉米总产量增加 4.5%。

4.4　小结

　　过去和未来气候情景下东北三省热量资源增加为玉米不同熟性品种种植界限和可种植区域北移提供了有利条件,在界限变化敏感带,中晚熟品种替代早熟品种,玉米生育期延长,干物质积累增加,产量提高。但品种熟型变化生育期延长,低温冷害发生频率增加;降水量减少和玉米生育期延长需水量增加,又使玉米干旱风险增加。充分利用当地热量资源,选择生育期适宜的品种,同时有效规避低温冷害和干旱的风险,是区域玉米生产应对和适应气候变化、品种和栽培技术选择必须考虑的问题。

参 考 文 献

邓振镛,王强,张强,等,2010.中国北方气候暖干化对粮食作物的影响及应对措施[J].生态学报,(22):6278-6288.

龚绍先,1988.粮食作物与气象[M].北京:北京农业大学出版社.

韩湘玲,1999.农业气候学[M].太原:山西科学技术出版社.

刘志娟,杨晓光,王文峰,等,2010.全球气候变暖对中国种植制度可能影响Ⅳ:未来气候变暖对东北三省玉米种植北界的可能影响[J].中国农业科学,**43**(11):2280-2291.

王馥棠,2002.近十年来我国气候变暖影响研究的若干进展[J].应用气象学报,**12**(6):755-765.

杨晓光,刘志娟,陈阜,2010.全球气候变暖对中国种植制度可能影响 I:气候变暖对中国种植制度北界和粮食产量可能影响的分析[J].中国农业科学,**43**(2):329-336.

杨镇,2007.东北玉米[M].北京:中国农业出版社.

张厚瑄,2000.中国种植制度对全球气候变化响应的有关问题 I:气候变化对我国种植制度的影响[J].中国农业气象,**21**(1):9-13.

Liu Z,Yang X,Chen F,et al,2013. The effects of past climate change on the northern limits of maize planting in Northeast China[J]. *Climatic Change*. **117**:891-902.

Parry M L,Rosenzweig C,Iglesias A,et al,2004. Effects of climate change on global food production under SRES emissions and socio-economic scenarios[J]. *Global Environmental Change*,**14**:53-67.

Zhao J,Yang X,Liu Z,et al,2016. Variations in the potential climatic suitability distribution patterns and grain yields for spring maize in Northeast China under climate change[J]. *Climatic Change*,**137**:29-42.

Zhao J,Yang X,Lv S,et al,2014. Variability of available climate resources and disaster risks for different maturity types of spring maize in Northeast China[J]. *Regional Environmental Change*,**14**:17-26.

第5章　气候变化对玉米产量的影响与适应

东北三省玉米生长季内温度升高、降水量和日照时数下降,气候要素变化对玉米产量到底带来怎样的影响,明确这些问题有助于研究区域玉米生产适应气候变化。

5.1　气候变化对玉米生育期和产量的影响

气候变化背景下东北玉米潜在生长季延长,对于同一品种,气候变暖使其生长发育加快,各生育阶段天数不同程度缩短(Liu et al,2013)。玉米生长发育阶段变化势必会影响产量,明确气候变化对生长发育进展和产量的影响程度,对玉米适应气候变化具有重要的意义。

气候变化包括单一因子变化以及多因子协同变化,常规统计方法很难剥离光、热、水各因子影响,作物模拟模型为该研究提供很好的方法(Ludwig et al,2006;Sadras et al,2006;Luo et al,2009;Chen et al,2010)。5.1—5.2 节基于作者研究团队前期调参验证后农业生产系统模型(APSIM-Maize)定量解析气候要素单一因子变化对区域玉米生育期和产量的影响程度。

为了分离太阳辐射(SR)、最高气温(T_{max})和最低气温(T_{min})对玉米生长发育及产量的影响,设定了 3 种气候情景,分别为 Run_SR、Run_Tmax 和 Run_Tmin。这 3 种模拟情景分别采用选定的气候要素 1961—2010 年实测数据,而其他要素保持不变(使用 1961 年的逐日观测数据)。例如情景 Run_SR,使用 1961—2010 年实测的太阳辐射数据,而其他要素的日值与 1961 年保持一致。同时,分离 SR、T_{max} 和 T_{min} 变化对玉米影响的模拟时,假设在玉米生长季内水肥不受限制,且在整个模拟时段内(1961—2010 年)品种及其他栽培管理措施保持一致(表 5.1)。

表 5.1　模拟情景设置

气候情景	太阳辐射(SR)	最高气温(T_{max})	最低气温(T_{min})
Run_SR	实测数据	1961 年逐日观测数据	1961 年逐日观测数据
Run_Tmax	1961 年逐日观测数据	实测数据	1961 年逐日观测数据
Run_Tmin	1961 年逐日观测数据	1961 年逐日观测数据	实测数据

本章从不同空间尺度分析了气候变化对玉米的影响及适应,由站点尺度上升到区域尺度时,考虑到区域种植面积对玉米产量的贡献,均以区域 2001—2005 年玉米平均种植面积为权重计算。

5.1.1　气候变化对生育期影响

将玉米的生育阶段划分为营养生长阶段(播种到开花)和生殖生长阶段(开花到成熟)。玉米为喜温作物,整个生育过程中要求较高的温度,同时为完成整个生长发育过程,要求一定的积温(龚绍先,1988)。根据积温理论,不受水肥的限制时,作物生长发育进程主要受积温的控制,基于此分析 1961—2010 年气温变化对研究区域玉米生育期的影响。

图 5.1 为玉米品种及栽培管理措施不变的前提下,最高气温和最低气温变化对玉米营养生长阶段和生殖生长阶段天数的影响。由图可知,在品种不变时最高气温和最低气温的升高使得营养生长阶段和生殖生长阶段天数均呈下降趋势。具体而言,最高气温升高使得玉米营养生长阶段天数每 10 年减少 0.1~0.9 d(长春、黑山、兴城和瓦房店呈上升趋势,每 10 年增加 0.2 d),生殖生长阶段每 10 年减少 0.1~1.2 d,其中以黑龙江省减少最为明显;与最高气温相比,最低气温升高对玉米生育期影响更为明显,最低气温升高使得营养生长阶段和生殖生长阶段天数每 10 年分别减少 0.2~2.0 d 和 0.1~2.3 d,且均通过显著性检验。

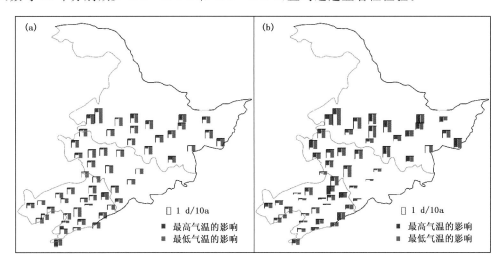

图 5.1　气温变化对玉米营养(a)和生殖生长阶段天数(b)影响空间差异

研究区域及各省气候变化对玉米生长阶段的影响,如图 5.2 和表 5.2 所示。最低气温升高对玉米生长发育阶段长度变化的影响幅度比最高气温升高影响幅度更大,且在黑龙江、吉林和辽宁省均通过了显著性检验。最高气温升高对生长阶段的影响各省之间差异不大,而最低气温升高的影响各省之间差异较大,表现为黑龙江省>吉林省>辽宁省。最低气温升高使得黑龙江、吉林和辽宁省玉米营养生长阶段平均每 10 年分别缩短 0.13、0.09 和 0.07 d,生殖生长阶段平均每 10 年分别缩短 0.24、0.19 和 0.12 d。从全区域平均状况来看,过去 50 年最高气温升高使得营养生长阶段和生殖生长阶段天数分别缩短了 1.3 和 2.4 d,最低气温升高使得营养生长阶段和生殖生长阶段天数分别缩短了 4.5 和 4.3 d(表 5.2)。

表 5.2　近 50 a 气温变化导致的营养和生长阶段天数变化　　　　　　(单位:d)

区域	营养生长阶段长度变化		生殖生长阶段长度变化	
	最高气温引起	最低气温引起	最高气温引起	最低气温引起
黑龙江省	−2.8	−5.5	−3.0	−5.3
吉林省	−0.4	−4.4	−2.1	−5.1
辽宁省	−0.7	−3.5	−2.0	−2.3
东北三省	−1.3	−4.5	−2.4	−4.3

注:表中各数值均是以 2001—2005 年玉米平均种植面积为权重计算得来的。

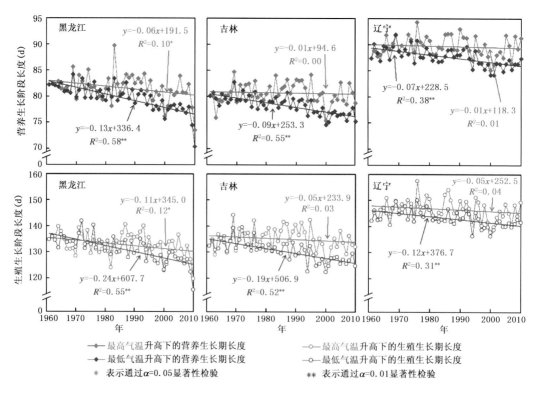

图 5.2　气温升高对玉米营养生长（上）和生殖（下）生长阶段影响时间演变趋势

5.1.2　气候变化对产量影响

（1）太阳辐射变化对产量的影响

太阳辐射对作物生育至关重要，其变化直接影响作物光温生产潜力，即一个地区作物产量上限。玉米为短日照作物，光照长度和光质对玉米的生长和产量均有一定的影响（龚绍先，1988）。在玉米的光临界期即孕穗期，光照不足不利于作物高产（于沪宁等，1985）。气候变化背景下，东北三省太阳辐射呈显著下降趋势。采用同一品种，模拟 1961—2010 年太阳辐射变化对研究区域玉米潜在产量的影响，即在模拟过程中其他气象要素保持不变（使用 1961 年逐日观测数据），仅有太阳辐射采用逐年实测数据情景下的模拟产量。由图 5.3a 可见，过去 50 年由于太阳辐射降低带来的玉米潜在产量下降最大的区域为辽宁省黑山、绥中、瓦房店、营口和吉林省的四平，该区域由于太阳辐射下降使得玉米潜在产量减少达 20% 以上；辽宁省和吉林省除黑山、绥中、瓦房店、营口和四平以外的其他区域，由于太阳辐射的下降使玉米潜在产量减少 0～19%；黑龙江省东北部地区玉米生长季内日照时数增加，太阳辐射增加，玉米潜在产量增加 1%～12%。比较各省之间的差异发现，太阳辐射对玉米产量影响程度由大到小的顺序为吉林省、辽宁省、黑龙江省。

由图 5.3b 可见，过去 50 年玉米生长季内太阳辐射呈显著下降的趋势（$P<0.01$），平均每 10 年减少 0.2 MJ/（m^2·d），由于太阳辐射的变化使得玉米产量显著下降，平均每 10 年减少 0.21 t/hm^2。

由表 5.3 可以看出,自 1961—2010 年若不考虑品种及栽培管理措施的变化,太阳辐射对研究区域玉米潜在产量的影响是负面的,由于太阳辐射减少,研究区域玉米潜在产量降低 9.9%。

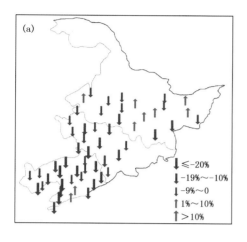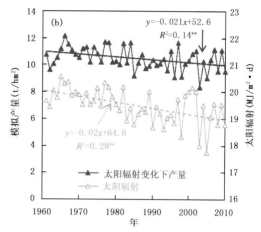

图 5.3　1961—2010 年太阳辐射对东北三省玉米潜在产量影响(a)及太阳辐射变化(b)
　　　　 * 表示通过 $\alpha=0.05$ 显著性检验;** 表示通过 $\alpha=0.01$ 显著性检验

表 5.3　50 a 太阳辐射变化引起的玉米产量变化

区域	1961 年玉米产量（t/hm²）	玉米产量变化
黑龙江省	8.83	-5.8%
吉林省	10.76	13.1%
辽宁省	13.01	-9.8%
东北三省	10.73	-9.9%

注:表中数据为 50 年产量变化,以 2001—2005 年各省玉米平均种植面积为权重计算。

(2)温度变化对玉米产量的影响

前人针对气候变暖对东北三省玉米产量影响程度做了大量研究,并且得到不同的结论。气候变暖对研究区域玉米产量的影响到底是有利还是有弊? 我们基于 APSIM-Maize,剥离品种和技术进步对玉米产量的贡献,明确气温升高对于东北三省玉米产量影响程度。

图 5.4 和表 5.4 为品种不变条件下,模拟 1961—2010 年日最高气温和日最低气温变化对研究区域玉米潜在产量的影响。由此可见,过去 50 年玉米生长季内最高气温和最低气温均呈现显著上升的趋势($P<0.05$,$P<0.01$),平均每 10 年分别升高 0.1 和 0.4℃。日最高温度和最低温度升高使得玉米生长季长度缩短,玉米总生物量降低,大部分地区产量呈降低趋势,但同时也有个别地区产量呈增加趋势。从全区平均来看,由于日最高和日最低温度的变化使得玉米产量每 10 年分别减少 0.07 和 0.07 t/hm²,均达到显著性水平。日最高气温升高对玉米产量的影响各省之间差异不大,变化范围为 2.7%~4.4%。日最低气温升高对玉米产量的影响最大的省份为吉林省,减产幅度为 8.4%,而在黑龙江省和辽宁省差异不大。

由表 5.4 可以看出,自 1961—2010 年若不考虑品种及栽培管理措施的变化,日最高和最低气温升高对研究区域玉米潜在产量的影响是负面的,日最高气温和日最低气温变化使玉米潜在产量分别减少 3.4％ 和 3.4％。

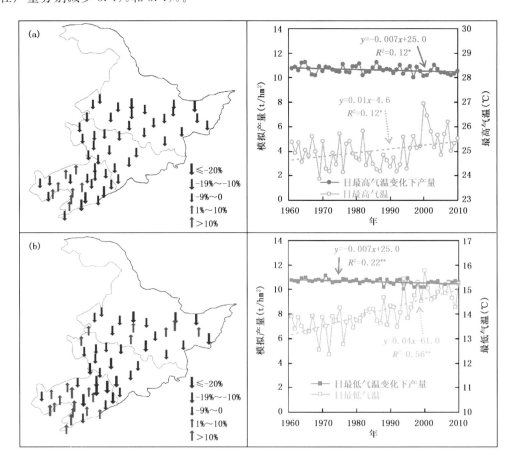

图 5.4　日最高气温(a)和日最低气温(b)变化对玉米潜在产量影响

表 5.4　50 年气温升高引起区域玉米产量变化

区域	1961 年产量（t/hm²）	玉米产量变化	
		日最高气温	日最低气温
黑龙江省	8.83	−4.4％	−1.4％
吉林省	10.76	−3.2％	−8.4％
辽宁省	13.01	−2.7％	−0.2％
东北三省	10.73	−3.4％	−3.4％

注：表中各数值均是以 2001—2005 年玉米平均种植面积为权重计算得来。

（3）降水变化对玉米产量的影响

东北三省大部分地区玉米不灌溉，当生长季内降水量小于 500 mm 时，水分是玉米产量的主要限制因子之一(Liu et al,2012)。第 3 章研究结果显示，全球气候变化背景下，研究区域玉米生长季降水量呈下降趋势，且降水的波动性增大，玉米生长季内干旱在 20 世纪 90 年代以后呈加剧趋势，因此，降水变化对东北三省玉米是不利影响(张淑杰等,2011)。我们分析过去 50 年降水量变化对玉米雨养产量的影响，在模型设置中，过去 50 年玉米品种不变，且玉米整个生长季氮肥不受限制,水分来源仅为降水。

图 5.5 为品种不变条件下,基于 APSIM-Maize 模型模拟的过去 50 年降水量变化对研究区域玉米雨养产量影响。由图可知,过去 50 年降水减少使得研究区域玉米减产幅度增大,如吉林省白城地区减产高达 49%,通榆地区减产幅度为 37%,西部干旱区其他站点减产幅度为 10%～29%。辽宁省和黑龙江省由于降水量变化带来的减产幅度低于 10%,特别是黑龙江省齐齐哈尔、富裕、明水和安达等地,由于过去 50 年降水量呈现微弱增加趋势,使得该地区雨养产量也呈现增加趋势。降水量减少对玉米产量影响最大的省份为吉林省,减产幅度为 14.7%,而黑龙江省和辽宁省减产幅度分别为 1.1% 和 2.9%。

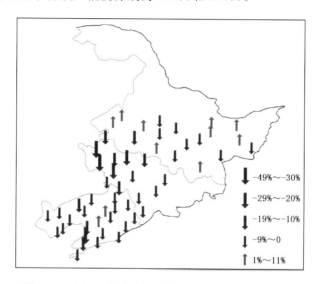

图 5.5　过去 50 年降水量变化对玉米雨养产量的影响

5.1.3　未来气候变化对玉米影响

目前普遍认为,未来气候变化情景下东北玉米将减产(金之庆等,1996;袁彬等,2012;纪瑞鹏等,2012)。为了细致分析未来气候变化对东北玉米产量的影响程度,在此依据玉米生长季内平均气温和降水量,将研究区域划分为不同气候区,并从不同气候区选择 7 个典型站点(表5.5)。对日最高气温(T_{max})、日最低气温(T_{min})和降水量(P)各要素分布设定了 3 种情景,日最高气温(T_{max})和日最低气温(T_{min})分别升高 1、2 和 3℃,降水量(P)分别减少 10%、20% 和30%,在模拟某一要素影响时,其他要素保持不变。同时在解析日最高气温和日最低气温变化对玉米影响的模拟时,假设在整个玉米生长阶段水肥不受限制;在解析降水量变化对玉米影响的模拟时,假设在整个玉米生长阶段肥力不受限制,而水分来源为自然降水(Liu et al,2012)。

表 5.5　7 个典型站点所处气候区特征

平均气温(℃)	降水量(mm)		
	低值区(325～504)	中值区(505～684)	高值区(685～864)
低值区(18.1～19.3)	齐齐哈尔	哈尔滨	
中值区(19.4～20.6)	白城	四平	通化
高值区(20.7～21.9)		阜新	丹东

　　图 5.6 为日最高气温和日最低气温分别升高 1、2 和 3℃ 对玉米潜在产量的影响。由图可以看出,在不考虑品种更替及其他适应措施条件下,日最高气温和日最低气温升高造成玉米潜在产量下降,比较而言低纬度地区所受影响更为明显。与日最高气温相比,日最低气温的升高对潜在产量的影响较小。

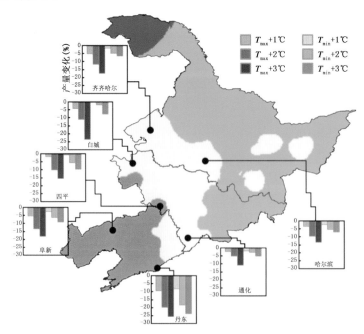

图 5.6　未来日最高和日最低气温升高对玉米潜在产量的影响

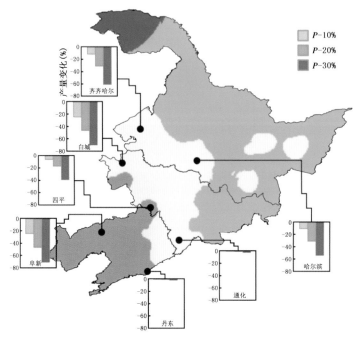

图 5.7　未来降水量减少对玉米雨养产量的影响

图 5.7 为降水量分别减少 10％、20％和 30％对玉米雨养产量的影响。由图可以看出,在不考虑品种更替及其他适应措施条件下,降水量减少造成玉米雨养产量大幅度降低,特别是西部干旱地区受影响更为明显,而对于通化和丹东现有降水量较高的区域,未来降水量降低对玉米产量的影响不大(低于 5％)。

5.2 播期调整和品种更替对气候变化的适应

通过 5.1 节分析可以看出,如果不考虑玉米播期调整及品种更替,气候变暖缩短东北三省玉米的营养生长阶段、生殖生长阶段和全生育期的长度,玉米产量呈降低趋势,而过去 50 年玉米实际产量呈波动增加趋势,表明农民已经采取一定的适应措施应对气候变化带来的不利影响。第 3 章研究结果表明,过去 50 年东北三省春季升温明显,这就为玉米播期提前提供了热量资源保障,特别是黑龙江北部温度较低的地区,同时温度升高、热量资源增加、玉米潜在生长季延长。因此,可以通过调整播期和更换品种适应气候变化。

基于 APSIM-Maize 模型,分离了播期调整和品种更替对玉米产量的贡献。研究步骤如下:首先根据农业气象观测站玉米实测数据,分析了 1981—2007 年 27 年玉米播期、抽雄吐丝期和成熟期变化以及玉米营养生长阶段、生殖生长阶段和全生育期长度的变化,结合玉米生长发育期计算了各生育阶段的热时(thermal time)变化,以此来初步判断 27 年来玉米品种的变化趋势。基于上述分析,采用 APSIM-Maize 进一步分离播期调整和品种更替对玉米产量的贡献(Liu et al,2013),在此设置了 3 种模拟情景,分别为气候变化影响(CONTROL)、播期影响(SOWING)和品种影响(CULTIVAR),参数设定方法详见表 5.6。CONTROL 情景代表不考虑适应措施(即品种和播期与 1981 年保持不变)条件下气候变化对玉米的影响;SOWING 和 CULTIVAR 情景分别反映了播期变化和品种更替对玉米的影响。假设在整个玉米生长阶段水肥不受限制,且其他栽培管理措施保持一致。

表 5.6 模拟情景设置

模拟情景	气候资料	播期	品种
CONTROL	实测数据	固定不变	固定不变
SOWING	实测数据	实测数据	固定不变
CULTIVAR	实测数据	固定不变	实测数据

5.2.1 玉米实际播期和品种的变化

表 5.7 为农业气象观测站 1981—2007 年玉米实际生育期及生育阶段长度的多年平均值及变化趋势。由表可以看出,1981—2007 年青冈、勃利、泰来和本溪玉米播期每 10 年分别提前 1.4、0.6、6.6 和 1.9 d,这与 4—5 月温度升高有着密切关系。抽雄吐丝期的变化趋势各站点间表现不一致,而成熟期呈现显著延后的趋势,每 10 年延后 1.4~7.6 d。因此,营养生长阶段变化较小且不显著,而生殖生长阶段显著延长,每 10 年延长 2.7~6.9 d。由此可以得出,1981—2007 年玉米播种期呈现提前的趋势,而成熟期呈现延后的趋势,玉米全生育期呈现延长的趋势。

表 5.7　1981—2007 年玉米实际生育期变化

		青冈	勃利	泰来	四平	新民	本溪
播期	平均值（日序）	125	128	125	114	117	120
	变化趋势（d/10a）	−1.4	−0.6	−6.6**	4.8**	3.0	−1.9
抽雄吐丝期	平均值（日序）	211	210	209	205	203	205
	变化趋势（d/10a）	−0.5	−1.5	0.7	2.6**	0.1	−0.9
成熟期	平均值（日序）	268	262	265	256	260	259
	变化趋势（d/10a）	5.3**	5.2*	7.6**	5.3**	1.4**	3.5**
营养生长阶段长度	平均值（d）	87	83	84	92	87	86
	变化趋势（d/10a）	0.9	−0.9	7.3**	−2.2	−2.9	1.0
生殖生长阶段长度	平均值（d）	57	53	57	51	56	53
	变化趋势（d/10a）	5.8**	6.7**	6.9**	2.7**	4.3**	4.4**
全生育期长度	平均值（d）	144	136	141	143	143	139
	变化趋势（d/10a）	6.7**	5.8**	14.2**	0.6	1.4	5.4**

* 表示通过 α＝0.05 显著性检验；** 表示通过 α＝0.01 显著性检验。

图 5.8 为结合玉米实际生育资料，1981—2007 年营养生长阶段和生殖生长阶段热时的变化。由图可以看出，玉米品种营养生长阶段热时呈增加的趋势，生殖生长阶段热时增加的幅度更明显，与 1981 年相比，2007 年玉米生殖生长阶段热时增加了 9%～29%。

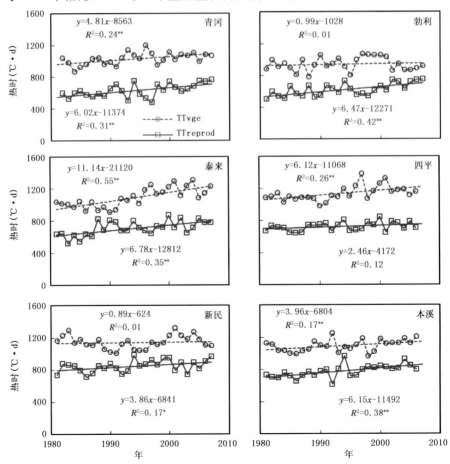

图 5.8　玉米营养（○）和生殖（□）生长阶段热时的变化

5.2.2　播期调整对气候变化的适应

基于 APSIM-Maize 模型解析玉米播期调整对气候变化的适应,首先用 SOWING 情景下模拟的玉米生育期和产量减去 CONTROL 情景下的生育期和产量,以剔除气候变化的影响,通过分析该差值的时间变化趋势可判定由于实际玉米播期的变化对作物生长发育及产量的影响。

表 5.8 为播期调整对玉米生长季长度的影响。由表可以看出,当品种不变时,3 个站点播期提前玉米营养生长阶段略微延长,播期提前 1 d,营养生长阶段可延长 2.5～3.5 d;但是缩短了玉米的生殖生长期长度。

图 5.9 为调整播期对玉米产量的影响。由图可以看出,播种期提前提高玉米产量,但趋势不明显。其中泰来由于播期带来的产量提升效果最明显(4%),主要原因是由于播期提前趋势比较明显(每 10 年提前 6.6 d)。

表 5.8　调整播期对玉米生长季影响　　　　　　（单位:d/10a）

生育期长度	青冈	勃利	泰来	四平	新民	本溪
营养生长阶段	0.4	−0.1	2.6**	−2.1**	−1.2	0.7
生殖生长阶段	−0.3	−0.2	−0.7	0.5	0.6	−0.1
全生育期	0.1	−0.3	1.9**	−1.6**	−0.6	0.6

** 表示通过 $\alpha = 0.01$ 显著性检验。

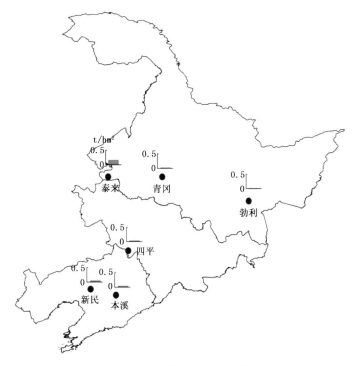

图 5.9　调整播期对玉米产量的影响

5.2.3　品种更替对气候变化的适应

采用作物模型的方法解析玉米品种更替对气候变化的适应,首先用 CULTIVAR 情景下模拟的玉米生育期和产量减去 CONTROL 情景下的生育期和产量,以剔除气候变化的影响,通过分析该差值的时间变化趋势可判定由于实际玉米品种的更替对作物生长发育及产量的影响。

表 5.9 为品种更替对东北三省玉米生长季长度的影响。由表可以看出,当播期不变时,更换生育期长的品种,玉米的营养生长阶段、生殖生长阶段和全生育期长度均会延长,且生殖生长期延长更为明显(每 10 年延长 2.9～10.0 d)。

图 5.10 为品种更替对玉米产量的影响。由图可以看出,更换生育期较长的品种将显著提高玉米产量,每 10 年增加 0.47～1.03 t/hm²,相当于每 10 年增加 5％～14％。产量提高主要原因是由于新品种生殖生长阶段相对较长,更多的干物质转移到籽粒。将玉米生殖生长阶段热时的变化趋势与玉米产量变化趋势做相关分析发现,产量的变化趋势与玉米生殖生长阶段热时的变化趋势存在显著正相关关系(图 5.11)。

表 5.9　品种更替对玉米生长季长度的影响　　　　　　　　　　(单位:d/10a)

生育期长度	青冈	勃利	泰来	四平	新民	本溪
营养生长阶段	3.9**	0.0	7.3**	3.6**	0.0	3.4**
生殖生长阶段	8.4**	5.8**	10.0**	3.2**	2.9**	7.4**
全生育期	12.3**	5.8**	17.4**	6.9**	2.9**	10.8**

** 表示通过 α＝0.01 显著性检验。

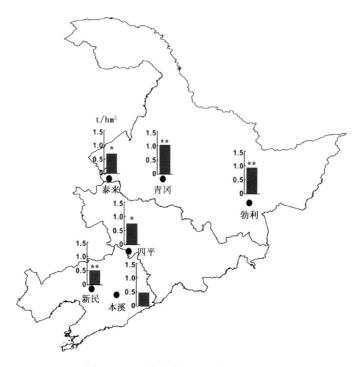

图 5.10　品种更替对玉米产量的影响

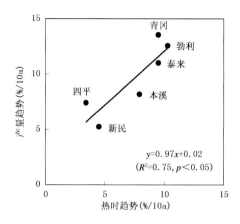

图 5.11　玉米生殖生长阶段热时与产量相关关系

以上研究结果表明,东北三省播期提前,玉米营养生长阶段延长,但是生殖生长阶段缩短;而更换生育期较长的品种,营养生长阶段、生殖生长阶段和全生育期长度均延长。因此,玉米营养生长阶段延长主要是播期和品种的贡献,而生殖生长阶段延长则是品种的贡献。提前播期和更换生育期较长的品种均提高玉米产量,其中更换生育期较长的品种玉米产量提高更显著。因此,调整播期和更换品种是东北三省玉米适应气候变化有效措施,一定程度抵消气候变暖对玉米产量的负面影响。

5.3　品种适应气候变化的实证研究

前两节基于 ASPIM-Maize 模型,分析了气候变化对东北三省玉米生育期和产量的影响,以及播期调整和品种更替对气候变化适应。为了明确品种更替对适应气候变化的机理,我们于 2010—2011 年在吉林省梨树县中国农业大学梨树实验站($43°17'$N,$124°26'$E)开展了田间实证研究。

5.3.1　试验区概况及试验设计

（1）试验区概况

吉林省梨树县地处松辽平原,1961—2010 年年平均气温为 6.9 ℃,年降水量为 614 mm,年日照时数为 2706 h,过去 50 年年平均气温每 10 年升高 0.4 ℃,日照时数呈显著下降趋势,每 10 年下降 81 h,降水量波动性明显增大。

试验田土壤类型为黑土,2010 年播前表层土壤全氮质量分数 0.12%,有效磷 28.4 mg/kg,速效钾 110.0 mg/kg,有机质 1.75%,pH 为 5.4,前茬作物为玉米。

（2）试验设计

试验时间为 2010—2011 年,选择 1970 年以来不同年代育成的 9 个玉米品种（如表 5.10）。试验小区面积为 5 m×3 m,3 次重复。两年播期分别为 5 月 8 日和 5 月 4 日,人工播种。播种密度为 6.0 万株/hm²,行距 0.6 m,株距 0.28 m。全生育期施氮 240 kg/hm²,基追比为 1∶1;磷肥和钾肥作为基肥一次施入,其中磷肥(P_2O_5) 85 kg/hm²,钾肥(K_2O) 90 kg/hm²。

全生育期内无灌溉,防控病虫草害。

表 5.10　玉米品种育成年代及其亲本组合

育成年代	品种	亲本组合
1973 年	中单 2 号	Mo17×Zi330
1978 年	黄 417	Huangzao4×Mo17
1979 年	丹玉 13	Mo17×E28
1985 年	农大 60	5003×Zong31
1989 年	掖单 13	Ye478×Dan340
1991 年	农大 108	178×Huang C
1996 年	郑单 958	Zheng58×Chang7−2
1998 年	浚单 20	9058×Xun92−8
2000 年	先玉 335	PH6WC×PH4CV

(3)观测项目

① 作物生育期:记录玉米的播种、出苗、拔节、抽雄、吐丝和成熟期,观测标准依据《农业气象观测规范》(国家气象局,1993)。

② 叶面积和干物重动态:在玉米苗期、拔节、抽雄吐丝以及成熟期,每小区选定两株,将样品植株地上部取回后,烘箱 105℃杀青 30 分钟,70℃烘干至恒重后,称地上部分干重。

③ 产量测定:成熟期每小区取 2 垄收获全部植株,小区取样面积为 1.2 m×5 m,统计穗数,70℃烘干至恒重,以 14%水分折算籽粒产量,随机数出籽粒 100 粒 2 份,两组数据相差不大于平均值的 0.3%时,平均重为百粒重。如差值超过 0.3%,再取 100 粒,用最为接近的两组数值平均作为百粒重。

④ 冠层光截获与测定方法

选择 20 世纪 70 年代广泛种植的黄 417 和丹玉 13(1978 年和 1979 年培育)、20 世纪 90 年代广泛种植的郑单 958 和先玉 335 品种(1996 年和 2000 年培育),观测冠层光分布和光截获。

测定方法:玉米出苗至抽雄、抽雄至成熟阶段各选择 2 个典型晴天,测定冠层光合有效辐射(PAR)分布。测定日期分别为 7 月 4 日、7 月 23 日、8 月 17 日和 8 月 27 日,每天测定时段为 06—18 时,每 2 小时测定一次,测定时将仪器水平放置于两垄之间,出苗至抽雄阶段测定冠层顶部和植株基部的光合有效辐射,抽雄至成熟阶段测定冠层顶部、穗位以上第三叶、穗位叶、穗位以下第三叶和植株基部的光合有效辐射量,每层读数 3 次,每小区选 3 处进行测定。为消除时间误差,每次均采用往返观测法。分层测定情况如图 5.12,仪器为英国 Skye 公司生产的线性光量子仪(Quantum Sensor),单位为 $\mu mol/(m^2 \cdot s)$。

计算方法:基于观测值利用以下公式,分别计算各层光合有效辐射截获率、玉米从出苗到成熟阶段冠层光合有效辐射(PAR)截获总量以及作物生长速率和光能利用率。

各层光合有效辐射截获率计算:

$$FIPAR_i = \frac{PAR_{i-1} - PAR_i}{PAR_{TC}} \tag{5.1}$$

式中,$FIPAR_i$ 为第 i 冠层高度的光合有效辐射截获率;PAR_i 为第 i 冠层高度的光合有效辐

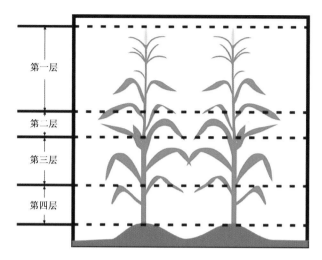

图 5.12　抽雄至成熟阶段光合有效辐射截获率分层测定示意图

射（μmol/（m^2・s））；PAR_{TC} 为冠层顶部的光合有效辐射（μmol/（m^2・s）），i 由下往上排序。冠层截获率的计算 i 取到达冠层顶部的 PAR，$i-1$ 取到达植株基部的 PAR。

冠层光合有效辐射截获总量的计算。玉米从出苗到成熟阶段内，逐日的太阳总辐射由第 2 章公式（2.1）—（2.6）求得，而逐日的玉米冠层顶部的光合有效辐射由太阳短波辐射乘以 0.5 计算求得（Sinclair et al,1999）：

$$PAR_{TCi} = R_{si} \times 0.5 \tag{5.2}$$

式中，PAR_{TCi} 为第 i 天的冠层光合有效辐射（MJ/（m^2・d））；R_{si} 为第 i 天的短波辐射（MJ/（m^2・d））。

生育阶段内玉米冠层顶部的光合有效辐射则是每日冠层光合有效辐射的累积：

$$PAR_{TC} = \sum_{i=1}^{n} PAR_{TCi} \tag{5.3}$$

式中，PAR_{TC} 为生育阶段内玉米冠层顶部的光合有效辐射（MJ/（m^2・d））；n 为生育阶段持续日数（d）。

生长速率和光能利用率的计算：

$$CGR = \frac{DMW}{DAY} \tag{5.4}$$

$$RUE = \frac{DMW}{PAR_{TC}} \tag{5.5}$$

式中，CGR 为生长速率（g/（m^2・d））；DAY 为生育阶段天数（d）；RUE 为光能利用率（g/MJ）；DMW 为干物质积累量（g/m^2）；PAR_{TC} 为冠层 PAR 截获量（mol/m^2）。

⑤ 播种前和收获后分层测定土壤物理、化学特征以及土壤水分含量。

5.3.2　不同年代育成品种产量比较

基于两年试验，分析了不同年代品种生长发育过程及产量构成特征。

（1）生育期

图 5.13 为不同年代育成玉米品种全生育期以及营养生长阶段和生殖生长阶段天数。由

图可以看出,不同年代育成品种间各生育阶段天数存在一定差异,20世纪90年代育成品种较20世纪70年代育成品种营养生长阶段呈缩短趋势,生殖生长阶段呈延长趋势。进一步比较不同年代育成品种营养生长阶段和生殖生长阶段天数占全生育期天数百分比可知,两年试验结果显示,20世纪70、80、90年代育成品种生殖生长阶段天数占全生育期天数百分比分别为41.0%～42.0%、42.2%～44.4%和42.4%～44.4%。随着育成年代的后移,生殖生长阶段天数占全生育期天数的比例增加,相对延长籽粒灌浆时间,增大穗粒重,进而促进产量的增加。

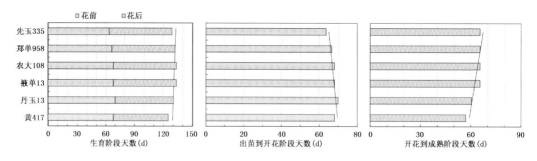

图5.13　不同年代育成玉米品种各生育阶段比较

(2)生物量和产量

比较分析各年代育成玉米品种生物量、百粒重及产量等如图5.14所示。由图可见,在当前东北三省普遍采用的栽培管理措施下,不同年代育成玉米品种间百粒重和收获指数存在显著差异,成熟期生物量存在显著差异,并随育成年代的后移而有增加的趋势,可见新育成玉米品种增产主要是生物量的增加。

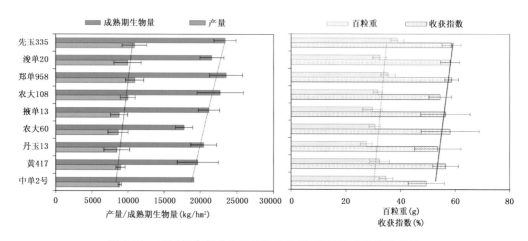

图5.14　不同年代育成玉米品种生物量、产量构成要素及产量

5.3.3　不同年代育成品种光能利用差异

基于田间测定的黄417和丹玉13(1978年和1979年培育)、郑单958和先玉335(1996年和2000年培育)群体冠层内光合有效辐射的分布状况以及干物质累积动态,分别计算了4个品种营养生长阶段(出苗—抽雄)和生殖生长阶段(抽雄—成熟)生长速率和光能利用率,分析品种更替对群体光分布的影响及其与产量提升的关系。

　　4 个玉米品种各生育阶段和全生育期生长速率和光能利用率如表 5.11 所示。由表可知，出苗—抽雄阶段不同年代品种之间的生长速率和光能利用率无显著差异，而抽雄—成熟阶段现代培育品种（先玉 335 和郑单 958）的生长速率（20.01 g/(m² · d) 和 19.09 g/(m² · d)）以及光能利用率（2.54 g/MJ 和 2.39 g/MJ）均显著高于 20 世纪 70 年代培育品种黄 417（12.68 g/(m² · d) 和 1.63 g/MJ）和丹玉 13（15.00 g/(m² · d) 和 1.84 g/MJ）（$P<0.05$）；全生育期内，郑单 958 和先玉 335 的生长速率和光能利用率均显著高于黄 417 和丹玉 13（$P<0.05$）。由此可以看出，玉米品种的更替显著提高了全生育期生长速率和光能利用率，生殖生长阶段（抽雄—成熟）生长速率和光能利用率的显著提升是其提高的主要原因（Zhao et. al,2015）。

表 5.11　不同年代育成玉米品种生长速率和光能利用率

| 品种 | 出苗—抽雄 | | 抽雄—成熟 | | 全生育期 | |
	生长速率(g/(m² · d))	光能利用率(g/MJ)	生长速率(g/(m² · d))	光能利用率(g/MJ)	生长速率(g/(m² · d))	光能利用率(g/MJ)
先玉 335	14.02±0.72a	2.46±0.11a	20.01±1.79b	2.54±0.22c	17.18±1.05c	2.51±0.13b
郑单 958	13.06±1.34a	2.36±0.18a	19.09±2.13ab	2.39±0.31bc	16.27±0.59bc	2.38±0.13b
丹玉 13	13.98±2.78a	2.38±0.40a	15.00±3.66ab	1.84±0.46ab	14.47±1.14ab	2.07±0.15a
黄 417	15.65±1.71a	2.74±0.29a	12.68±0.36a	1.63±0.10a	14.24±0.81a	2.12±0.06a
影响因子						
育成年代	NS	NS	**	**	**	**

注：同一列中 a、b、c 不同的字母表示 5% 水平下差异显著；NS 表示在 5% 水平下因子无显著影响；** 表示在 1% 水平下影响显著。

　　进一步比较生殖生长阶段灌浆前与灌浆后不同年代育成品种冠层光截获比例及其与产量的关系，如图 5.15 和表 5.12 所示。生殖生长阶段冠层光合有效辐射的总截获率品种间无显著差异，在 90.0%～93.4% 之间。当前广泛种植的先玉 335 和郑单 958 在第二层的光合有效辐射截获比例高于 20 世纪 70 年代育成的黄 417 和丹玉 13。通过植株冠层内光合有效辐射截获率与产量的相关性分析可知，第二层光截获率与产量呈正相关关系，其他层截获率与产量呈负相关关系，尤其在灌浆后光截获率与产量之间关系达到显著（$P<0.05$）水平。因此，改善穗位叶至穗位叶以上第三叶的光截获情况，是提升玉米产量的重要方面。

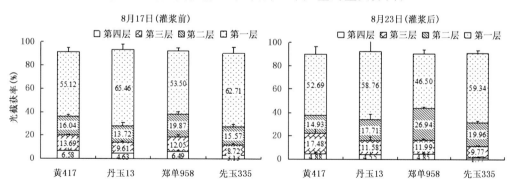

图 5.15　不同年代育成玉米品种生殖生长阶段分层光截获率

（第一层：冠层底部至穗位叶以上第三叶；第二层：穗位叶以上第三叶至穗位叶；第三层：穗位叶至穗位叶以下第三叶；第四层：穗位叶以下第三叶至植株基部）

表 5.12　不同年代育成玉米品种生殖生长阶段分层光截获率与产量关系

	8月17日(灌浆前)				8月27日(灌浆后)			
	第一层	第二层	第三层	第四层	第一层	第二层	第三层	第四层
产量	−0.008	0.405	−0.414	−0.310	−0.182	0.779**	−0.581*	−0.328

* 表示通过 $\alpha=0.05$ 显著性检验；** 表示通过 $\alpha=0.01$ 显著性检验。

　　综合上述分析可以看出,现代育成品种和年代早的品种相比:全生育期内光能利用率和生长速率显著提高,尤其是在生殖生长阶段内差异显著,现代育成品种花后光能利用率和生长速率显著提升,是生物量提高的主要原因;第二层光截获率与产量显著正相关,现代育成品种的该层光截获率明显高于育成年代较早品种,这也是新品种产量提升的重要原因。

5.4　小结

　　本章基于 APSIM-Maize 模型,模拟了历史和未来气温升高、降水和辐射变化条件下东北三省玉米产量,明确了气温升高、辐射和降水变化对玉米生长发育和产量影响,评估了播期调整和品种更替对气候变化的适应程度,并通过田间试验实证,比较分析了不同年代育成品种生育进程、产量构成及产量的差异性,揭示了现代育成品种生物量提高是产量提高主要原因,而全生育期光能利用率和生长速率提高是生物量提高的原因。

参 考 文 献

龚绍先,1988.粮食作物与气象[M].北京:北京农业大学出版社.

国家气象局,1993.农业气象观测规范[M].北京:气象出版社:32-35.

纪瑞鹏,张玉书,姜丽霞,等,2012.气候变化对东北地区玉米生产的影响[J].地理研究,**31**(2):290-298.

金之庆,葛道阔,郑喜莲,等,1996.评价全球气候变化对我国玉米生产的可能影响[J].作物学报,**22**(5):513-524.

于沪宁,李伟光,1985.农业气候资源分析和利用[M].北京:气象出版社:138.

袁彬,郭建平,冶明珠,等,2012.气候变化下东北春玉米品种熟型分布格局及其气候生产潜力[J].科学通报,**57**(14):1252-1262.

张淑杰,张玉书,纪瑞鹏,等,2011.东北地区玉米干旱时空特征分析[J].干旱地区农业研究,**29**(1):231-236.

Chen C,Wang E,Yu Q,et al,2010. Quantifying the effects of climate trends in the past 43 years (1961−2003) on crop growth and water demand in the North China Plain[J]. *Climatic Change*,**100**:559-578.

Liu Z,Hubbard K G,Lin X,et al,2013. Negative effects of climate warming on maize yield are reversed by the changing of sowing date and cultivar selection in Northeast China[J]. *Global Change Biology*,**19**:3481-3492.

Liu Z,Yang X,Hubbard K G,et al,2012. Maize potential yields and yield gaps in the changing climate of Northeast China[J]. *Global Change Biology*,**18**(11):3441-3454.

Ludwig F,Asseng S,2006. Climate change impacts on wheat production in a Mediterranean environment in Western Australia[J]. *Agricultural Systems*,**90**:159-179.

Luo Q,Bellotti W,Williams M,et al,2009. Adaptation to climate change of wheat growing in South Australia: Analysis of management and breeding strategies[J]. *Agriculture, Ecosystems and Environment*,**129**:

261-267.

Sadras V O,Monzon J P,2006. Modelled wheat phenology captures rising temperature trends：Shortened time to flowering and maturity in Australia and Argentina[J]. *Field Crops Research*,**99**：136-146.

Sinclair T R,Muchow R C,1999. Radiation use efficiency[J]. *Adv. Agron.* ,**65**：215-265.

Zhao J,Yang X,Lin X,et al,2015. Radiation interception and use efficiency contributes to higher yields of newer maize hybrids in Northeast China[J]. *Agronomy Journal* ,**107**：1473-1480.

第6章 东北三省玉米产量差及限制因素解析

第5章明确了气候变化对玉米产量的影响以及适应,研究结果表明20世纪80年代以来,气候变化对东北三省玉米产量带来一定的负面影响,由于农业技术进步以及品种的改良等,玉米实际产量呈显著增加趋势。但玉米产量潜力仍没有得到充分挖掘,实际产量与潜在产量之间仍存在较大差距,不同地区之间以及同一地区不同田块产量仍存在差异,即作物潜在产量与实际产量之间存在产量差(yield gap)。缩小这个差距对于提高粮食产量、满足日益增长的需求具有重要意义。究竟哪些因素造成了农户实际产量与作物潜在产量之间的差距,这个差距到底有多大,限制其产量潜力发挥的因素有哪些,应采取哪种技术措施来缩小这一差距,为了回答这些问题,本章重点解析了气候变化背景下东北三省玉米产量差及产量限制因素。

产量差概念发展至今,众多学者对其做了不同的定义及阐述,总体而言,可分为4个等级的产量水平,即潜在产量、可获得产量、农户潜在产量和农户实际产量(杨晓光等,2014),这4个水平的产量分别代表不同等级的作物产量,为作物产量差及产量差限制因子解析奠定基础。各级产量定义参见本书第2章2.3节。本章基于调参验证后的农业生产系统模型(APSIM-Maize)模拟1961—2010年东北三省玉米潜在产量、可获得产量和农户潜在产量,并结合东北三省统计年鉴玉米县级产量,明确玉米产量差限制因素及缩差途径对产量提升的贡献。潜在产量、可获得产量和农户潜在产量的模型参数设定如下:

(1)潜在产量:利用APSIM-Maize模型模拟研究区域玉米潜在产量时,假设近50年玉米品种不变。选择农业气象观测站的高产品种,对没有作物观测资料的气象站,采用同一积温带中相邻站点的玉米品种参数。播种日期以农业气象观测站实际平均播种日期设定,播种深度为5 cm,行距为0.6 m,播种密度为80000株/hm²。土壤可利用水量低于田间持水量的80%即进行补充灌溉,确保玉米生长过程不受水分和氮肥限制。

(2)可获得产量:采用当地高产田的栽培管理措施,品种选择与潜在产量模拟时一致。根据陈国平等(2009)对2006—2008年全国玉米高产田的配套栽培技术研究,高产田比较适宜密度为75000～90000株/hm²,但对抗倒性差的品种和暴风雨较多的地区,密度过高面临倒伏减产风险。结合东北三省玉米的实际生产,可获得产量的种植密度设定为70000株/hm²,推荐玉米施氮量为300 kg/hm²,灌溉量为200 mm,分别在拔节期和开花期灌溉。

(3)农户潜在产量:农户潜在产量是采用当地实际种植的玉米品种在现有的栽培管理措施下得到的产量。高强等(2010)研究结果表明,东北三省玉米平均施氮量为200 kg/hm²,大部分地区玉米没有灌溉。依据东北三省农业气象观测站多年平均观测资料,设定播种密度为50000株/hm²,施氮量200 kg/hm²,灌溉量为0 mm,假设整个模拟过程中栽培管理措施不变,选用品种不变。

根据东北三省各市(县)玉米播种面积,将2001—2005年连续5年玉米播种面积大于

5000 hm² 的县确定为玉米主要种植区,即本章的研究区域。玉米种植面积资料来源于中国统计年鉴 2001—2005 年数据,研究区域图见图 2.2。为细致分析研究区域不同空间尺度产量差及限制因素,我们进一步计算了各气候区、各省及研究区的平均值,本章均以东北三省 2001—2005 年玉米平均种植面积为权重来计算。

6.1　玉米各级产量差时空特征

为明确东北三省玉米产量限制因素,本章将潜在产量与农户实际产量分解为三个层次,具体参见第 2 章 2.3 节。本节着重分析东北三省玉米各级产量差(总产量差、产量差 1、产量差 2 和产量差 3)的空间分布特征以及演变趋势(刘志娟等,2017)。

6.1.1　潜在产量与实际产量之间产量差分布

农户实际产量与当地理论最高产量即潜在产量的差距,是作物生产中存在的总产量差(total yield gap,TYG)。通过总产量差分析可明确作物实际产量与潜在产量之间差距。本节先明确东北三省玉米潜在产量与实际产量间产量差时间演变趋势和空间分布特征。

图 6.1 为东北三省玉米潜在产量与农户实际产量间产量差(总产量差)近 50 年(1961—2010 年)平均值的空间分布特征。从图可以看出,东北三省玉米潜在产量与实际产量间产量差平均值为 7.85 t/hm²,地区间差异较大,变化范围为 4.75~11.88 t/hm²。玉米潜在产量与农户实际产量间产量差呈明显经向和纬向分布($P<0.01$),即由南向北、由西向东递减。辽宁省和吉林省的西部地区产量差较高(8.01~11.88 t/hm²),主要是由于这些区域光温条件较

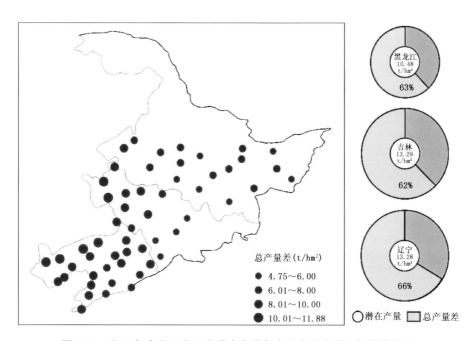

图 6.1　近 50 年东北三省玉米潜在产量与农户实际产量之间的产量差
(饼图为各省总产量差,大小与各省潜在产量大小成比例,中心数据为潜在产量,
蓝色扇形为总产量差占潜在产量比例,下同)

好,玉米潜在产量较高,由于降水量少、栽培水平较低,玉米农户实际产量较低,因此该地区总产量差较大,特别是吉林省白城、通榆和辽宁省叶柏寿、朝阳、阜新、彰武地区,总产量差 50 年平均达 10.00 t/hm² 以上。而辽宁省东部的宽甸、丹东、庄河、岫岩和鞍山地区,玉米总产量差相对西部地区较小,为 6.01~8.00 t/hm²;黑龙江省大部分区域 50 年平均总产量差稍低,为 6.01~8.00 t/hm²;玉米总产量差最低值为黑龙江省东部三江平原以及吉林省东部的桦甸、梅河口和通化一带,总产量差 50 年平均值为 4.75~6.00 t/hm²,由于热量条件限制,该地区为玉米潜在产量低值区(小于 10.00 t/hm²)。

进一步分析玉米产量差区域分布特征,分别统计不同量级总产量差,结果表明,总产量差高于 10.00 t/hm² 的站点占全区总站点数的 11%,包括吉林省白城、通榆以及辽宁省叶柏寿、朝阳、阜新和彰武地区;总产量差介于 8.01~10.00 t/hm² 的站点为 38%;总产量差介于 6.01~8.00 t/hm² 的站点为 33%;总产量差低于 6.00 t/hm² 的站点占 18%。由此可见,全区 71% 的站点总产量差介于 6.01~10.00 t/hm²。

各省 50 年总产量差比较可以看出,黑龙江省最小为 6.57 t/hm²,其次为吉林省 8.30 t/hm²,最大的省份为辽宁省,高达 8.82 t/hm²。该产量差占潜在产量的百分比全区平均为 64%,黑龙江、吉林省和辽宁省分别为 63%、62% 和 66%,由此可以看出,东北三省过去 50 年玉米农户实际产量仅达到潜在产量的 36%,玉米产量仍有较大的提升空间。

图 6.2 为东北三省玉米潜在产量与农户实际产量之间产量差时间变化趋势。由于过去 50 年(1961—2010)研究区域玉米潜在产量呈下降趋势,平均每 10 年减少 0.33 t/hm²,而农户实际产量呈显著增加趋势(P < 0.01),全区平均每 10 年增加 1.24 t/hm²,因此,过去 50 年(1961—2010 年)玉米潜在产量与农户实际产量间产量差呈缩小趋势,全区平均每 10 年缩小 1.55 t/hm²(P < 0.01),但区域间差异较大,变化范围为每 10 年降低 0.37~2.90 t/hm²。总产量差缩小的高值区为吉林省四平、长岭和梅河口以及黑龙江省的哈尔滨地区,平均每 10 年缩小 2.00~2.90 t/hm²,主要是因为过去 50 年该区域玉米实际产量增加趋势明显。全区大部分地区总产量差平均每 10 年缩小 1.00~1.99 t/hm²,主要包括黑龙江省、吉林省大部分和

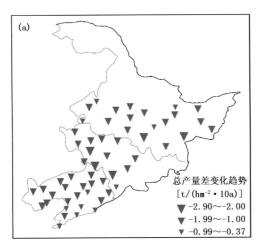
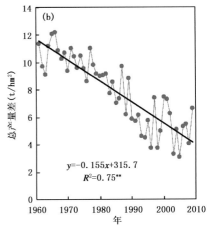

图 6.2　近 50 年东北三省玉米潜在产量与农户实际产量间产量差变化

(a)区域各点;(b)东北三省平均

辽宁省的西北部地区,占全区站点总数的71%。总产量差减少最小的地区包括黑龙江省的富裕、泰来、鹤岗、通河以及吉林省的通化地区和辽宁省的东南部地区,平均每10年减少0.37~0.99 t/hm²。

6.1.2 潜在产量与可获得产量之间产量差分布

可获得产量是在确定的时间、确定的生态区,无物理的、生物的或经济学障碍、最优栽培管理措施条件下,试验田或农场小区所获得的产量,即该地区玉米可实现的最高产量。潜在产量与可获得产量间产量差,我们简称为产量差1(yield gap 1,YG₁),主要由环境条件和某些技术因素引起的,这些因素是非转移性的。但在实际生产中缩小该层次产量差是比较困难的。

图6.3为研究区域50年(1961—2010年)玉米潜在产量与可获得产量间产量差(产量差1)空间分布。从全区50年平均来看,玉米潜在产量与可获得产量间产量差平均值为0.94 t/hm²,但地区间差异较大,变化范围在0.06~3.21 t/hm²之间。产量差1随经度升高而降低,这与玉米生长季内降水量分布有关($P<0.01$)(图6.4)。研究区域该层次产量差最大值为西部地区,包括吉林省的白城、通榆和辽宁省的叶柏寿、朝阳地区,近50年平均值大于2.00 t/hm²,主要是由于这些区域降水量较低,在补充灌溉200 mm的前提下产量与潜在产量差距仍然较大。该层次产量差相对较小的区域包括黑龙江省泰来、齐齐哈尔、海伦以及吉林省的乾安、前郭尔罗斯、双辽和辽宁省的阜新、彰武、黑山等9个站点,50年平均值为1.01~2.00 t/hm²。而东部降水量相对充足的区域以及黑龙江省大部分区域该层次产量差较小,50年平均值小于1.00 t/hm²,该区域站点数占全区总站点数的76%。

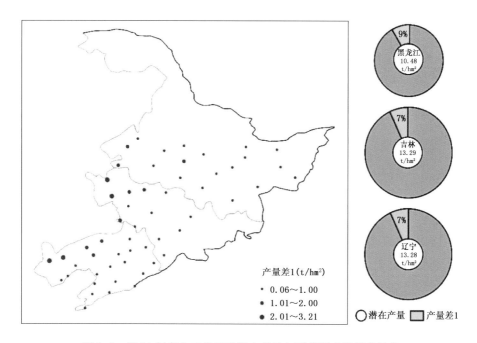

图6.3 近50年东北三省玉米潜在产量与可获得产量间产量差

对比研究区域和各省50年玉米潜在产量与可获得产量间的产量差可以得出,该层次产量差50年平均值各省之间差异不大,黑龙江省、吉林省和辽宁省分别为0.91、0.97和0.92 t/

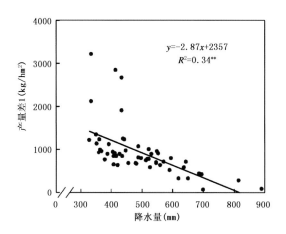

图 6.4　玉米潜在产量与可获得产量之间产量差与生长季降水量关系

hm²。该层次产量差分别占当地玉米潜在产量的 9％、7％ 和 7％。从全区平均状况来看,该层次产量差占研究区域玉米潜在产量的 8％。

上一节的结果表明全区近 50 年玉米总产量差(潜在产量与农户实际产量之间的产量差)为潜在产量的 64％,然而其中有 8％ 的产量差(潜在产量与可获得产量之间的产量差)是由不可转化的技术因素引起的,因此,扣除这 8％ 以后,通过各种栽培管理措施,东北三省玉米产量可提升的空间为 56％。

研究区域过去 50 年玉米潜在产量和可获得产量均呈下降趋势,但各站点下降幅度不同,因此导致研究区域内玉米潜在产量与可获得产量间产量差区域间变化趋势不一致,如图 6.5 所示。全区有 58％ 的站点过去 50 年产量差 1 呈降低趋势,平均每 10 年减少 0～0.28 t/hm²。其余 42％ 站点该层次产量差呈增加趋势。除通榆和尚志外,其他站点平均每 10 年增加 0.01～0.20 t/hm²。从各省分布状况来看,辽宁省和吉林省大部分地区该层次产量差呈下降趋势(白城、通榆、前郭尔罗斯、蛟河、开原、彰武、章党、本溪和庄河除外),而黑龙江省大部分地区该层

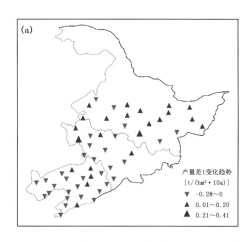
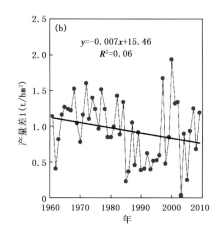

图 6.5　近 50 年东北三省玉米潜在产量与可获得产量间产量差变化

(a)区域各点;(b)东北三省平均

次产量差呈增加趋势(富裕、明水、哈尔滨、牡丹江和鸡西除外)。过去 50 年该层次产量差全区平均值变化趋势并不显著。

6.1.3 可获得产量与农户潜在产量之间产量差分布

可获得产量与农户潜在产量之间的产量差是由于农民投入不足、栽培措施不理想、土壤条件和品种等因素造成的,称为产量差 2(YG_2)。这些影响因素是可通过适宜的栽培管理措施、土壤改良和优良品种等缩小该层次产量差距,因此该层次产量差是本章解析的重点。

图 6.6 为东北三省 50 年玉米可获得产量与农户潜在产量间产量差(产量差 2)平均值空间分布。该层次产量差全区 50 年平均为 4.92 t/hm²,空间上差异较大,变化范围为 1.72~8.02 t/hm²。可获得产量模拟中设定拔节期和开花期分别灌溉 100 mm,而农户潜在产量玉米生长季内无灌溉,这是基于东北三省大部分地区玉米不灌溉的现状,可获得产量与农户潜在产量之间的产量差与玉米生长季内降水量呈现显著负相关关系(图 6.7),即玉米生长季内降水量较充沛的地区,该层次产量差相对较小,这些区域主要集中在吉林省和辽宁省东部地区,而降水量相对较少地区,该层次产量差相对较大,最大值可达到 6.01~8.00 t/hm²,这些区域主要包括东北三省西部地区。

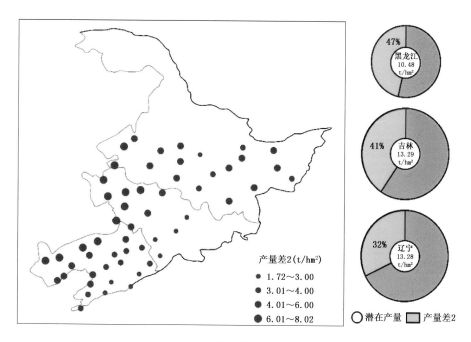

图 6.6 近 50 年东北三省玉米可获得产量与农户潜在之间产量差

从该层次产量差各量级占研究区域总站点数比例来看,该层次产量差高于 6.00 t/hm² 的站点有 12 个,占全区总站点数的 22%,包括黑龙江省泰来和齐齐哈尔,吉林省白城、通榆、乾安、长岭、双辽和前郭尔罗斯以及辽宁省叶柏寿、朝阳、阜新和彰武地区。该层次产量差介于 4.01~6.00 t/hm² 的站点约为 40%,主要包括黑龙江省西部、三江平原东部地区、吉林省三岔河、四平和长春以及辽宁省中西部地区。该层次产量差介于 3.01~4.00 t/hm² 的站点约为 22%,主要包括辽宁省中部地区(章党、沈阳、鞍山和营口等)和黑龙江省的鹤岗、通河、尚志和虎林。全区仅有 9 个站点该层次产量差低于 3.00 t/hm²,约占总站点数的 16%,包括黑龙江省的铁力、吉林省的蛟河、桦甸、靖宇和通化以及辽宁省的岫岩、庄河、丹东和宽甸。由此可见,全区 62% 的站点该层次产量差达 3.01~6.00 t/hm²。

从各省 50 年平均状况来看,该层次产量差在吉林省最大为 5.40 t/hm²,其次为黑龙江省(4.93 t/hm²)和辽宁省(4.31 t/hm²)。过去 50 年黑龙江省、吉林省和辽宁省该层次产量差占潜在产量的百分比分别为 47%、41% 和 32%(图 6.6)。从全区 50 年平均来看,该层次产量差占潜在产量的 40%。由此可见,从过去 50 年平均来看,东北三省玉米产量通过改善土壤、品种和栽培管理措施等可提升的空间为 40%,具有较大的产量提升空间。

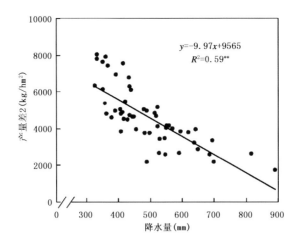

图 6.7 东北三省玉米可获得产量与农户潜在之间产量差与生长季降水量关系

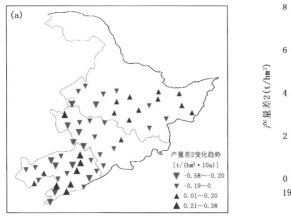
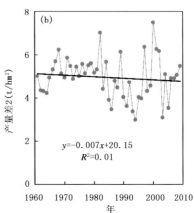

图 6.8 近 50 年东北三省玉米可获得产量与农户潜在之间产量差变化
(a)区域各点;(b)东北三省平均

图 6.8 为东北三省玉米可获得产量与农户潜在产量之间的产量差的时间变化趋势。从图中可以看出,研究区域过去 50 年(1961—2010 年)玉米该层次产量差在全区 64% 的站点呈下降的趋势,其中约有 22% 的站点下降趋势明显,平均每 10 年减少 0.21~0.38 t/hm²,主要包括黑龙江省的泰来和安达,吉林省的西部地区以及辽宁省的阜新和彰武等 12 个站点。约有

42％的站点该层次产量差每 10 年减少量低于 0.20 t/hm²，主要包括黑龙江省西部地区、吉林省中东部地区和辽宁省的叶柏寿、朝阳、兴城等地区。全区 36％的站点该层次产量差呈增加趋势，主要包括黑龙江省中东部地区和辽宁省东部地区的个别站点。从各省分布状况来看，辽宁省和吉林省大部分地区（白城、蛟河、开原、章党、本溪、岫岩、庄河、熊岳、绥中和锦州除外）、黑龙江省西部地区该层次产量差呈下降的趋势，而黑龙江省中东部大部分地区该层次产量差呈增加趋势。过去 50 年全区玉米可获得产量与农户潜在产量之间的产量差平均值变化趋势并不显著（图 6.8b）。

6.1.4　农户潜在产量与农户实际产量之间产量差分布

农户潜在产量与农户实际产量之间的产量差（产量差 3）主要是由于各种经济因素造成的，如成本、风险和回报率，以及农业政策和劳动力的供给影响农户对土地的投入、栽培管理措施实施的质量，这些因子是导致该层次产量差的间接因素。由于研究数据所限，在此我们仅分析该层次产量差空间分布特征及变化趋势。希望未来进一步考虑政策和经济等社会因素的影响，开展农户行为对产量差影响研究，即分析产量差的直接影响因素如管理和投入水平等，同时考虑农户以及社会经济因素等。

图 6.9 为东北三省 50 年（1961—2010 年）农户潜在产量与农户实际产量之间的产量差空间分布。该层次产量差全区 50 年平均为 1.99 t/hm²，但地区间差异较大，变化范围为 0.04～5.48 t/hm²。由图可以看出，辽宁省属于该层次产量差的高值区，大部分站点产量差可达 3.01～5.48 t/hm²，仅有西部的叶柏寿、朝阳、阜新和鞍山地区为 1.01～3.00 t/hm²；吉林省西部大部分地区该层次产量差小于 1.00 t/hm²，主要是由于该地区农户潜在产量相对较低（4.01～6.00 t/hm²），而农户实际产量较辽宁省大部分地区高（4.01～5.00 t/hm²），而东部地

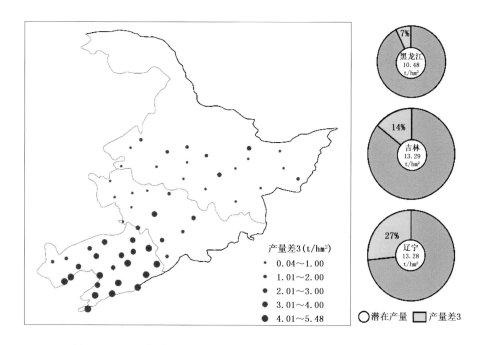

图 6.9　近 50 年东北三省玉米农户潜在产量与农户实际之间产量差

区该层次产量差相对较大,50 年平均值达 1.01～3.00 t/hm²;黑龙江省大部分地区该层次产量差小于 1.00 t/hm²,仅有北部的富裕、明水、海伦、铁力和虎林地区在 1.01～2.00 t/hm² 之间,最大值出现在鹤岗和通河,达到 2.01～3.00 t/hm²。

为进一步解析研究区域玉米该层次产量差的区域分布特征,统计分析了该层次产量差各量级占研究区域总站点数的比例。研究结果表明,该层次产量差高于 4.00 t/hm² 的站点有 12 个,占全区总站点数的 22%,这些站点集中在辽宁省东南部地区。该层次产量差介于 3.01～4.00 t/hm² 的站点有 8 个,约占全区总站点数的 15%,这些站点均集中在辽宁省的中西部地区,包括锦州、黑山、彰武和沈阳等。该层次产量差介于 2.01～3.00 t/hm² 的站点仅有 7 个,约占 13%,主要包括辽宁省的阜新、鞍山以及吉林省的梅河口和黑龙江省的鹤岗等。该层次产量差介于 1.01～2.00 t/hm² 的站点仅有 10 个,约占 18%,主要包括黑龙江省北部的富裕、明水以及吉林省的三岔河和辽宁省的阜新等。其余 32% 的站点该层次产量差低于 1.00 t/hm²,主要包括黑龙江省的大部分地区和吉林省的西部地区。

从各省 50 年平均状况来看,玉米农户潜在产量与农户实际产量之间的产量差黑龙江省最小(0.73 t/hm²),其次是吉林省为 1.92 t/hm²,产量差最大为辽宁省,50 年平均值达 3.59 t/hm²。从该层次产量差占潜在产量的百分比来看,黑龙江省、吉林省和辽宁省分别为 7%、14% 和 27%(图 6.9)。从全区 50 年平均来看,东北三省玉米农户潜在产量与农户实际产量之间产量差占潜在产量的 16%。由此可见,从过去 50 年平均来看,通过提高农户的积极性和市场调节等措施可提升的产量空间为 16%。

图 6.10 为东北三省玉米农户潜在产量与农户实际产量之间产量差的时间变化趋势。由于过去 50 年东北三省玉米农户潜在产量呈下降的趋势,同时农户实际产量呈显著上升的趋势,因此,研究区域过去 50 年农户潜在产量与农户实际产量之间的产量差全区均呈下降的趋势,且均通过显著性检验($P<0.05$)。其中以吉林省的白城、长岭、四平以及辽宁省的章党和黑龙江省的鸡西、尚志地区该产量差下降幅度最大(平均每 10 年减少量大于 2.00 t/hm²)。全区有 62% 的站点该产量差下降幅度为每 10 年减少 1.01～2.00 t/hm²。该产量差下降幅度

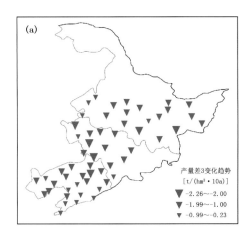
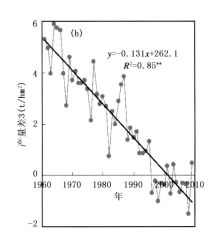

图 6.10　近 50 年东北三省玉米农户潜在产量与农户实际之间产量差变化

(a)区域各点;(b)东北三省平均

最小的站点包括黑龙江省的泰来、齐齐哈尔、富裕以及吉林省的通榆、通化和辽宁省的东南部地区,平均每 10 年减少 0.23～1.00 t/hm²。

过去 50 年东北三省玉米农户潜在产量与农户实际产量之间的产量差全区平均总体表现为显著下降趋势($P<0.01$),平均每 10 年减少 1.31 t/hm²。这里需要说明的是,在近 10 年来东北三省西部干旱区由于采用各种节水灌溉措施,使得玉米实际产量大幅度上升(王建东等,2015),而由于资料的限制,本节在使用 APSIM-Maize 模型对农户潜在产量进行模拟时,并没有考虑近年来灌溉条件的改善,低估了近 10 年来该地区的农户潜在产量,因此使得个别区域近 10 年农户潜在产量低于农户实际产量,如图 6.10b 所示。这需要未来基于灌溉面积及灌溉量数据对结果进行完善,对该地区农户潜在产量做更加细致的研究。

6.1.5　玉米各级产量差比较

以上我们分别分析了研究区域玉米潜在产量与农户实际产量之间的产量差(总产量差)、潜在产量与可获得产量之间的产量差(产量差 1)、可获得产量与农户潜在产量之间的产量差(产量差 2)、农户潜在产量与农户实际产量之间的产量差(产量差 3)的空间分布特征和时间演变趋势,为了便于比较,将上述结果汇总为图 6.11,比较近 50 年各省及全区玉米各层次产量差。

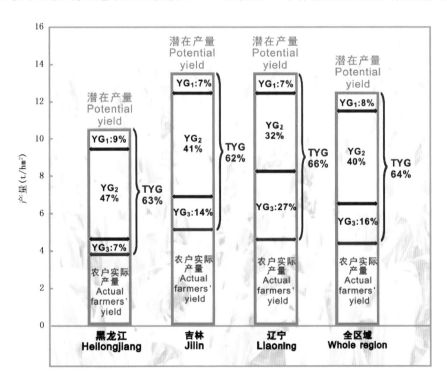

图 6.11　近 50 年玉米各层次产量差

黑龙江省近 50 年玉米农户实际产量仅达到潜在产量的 37%,即玉米总产量差为 63%,其中产量差 1 为 9%,产量差 2 为 47%,产量差 3 为 7%;说明黑龙江省通过提高栽培管理措施、改善土壤条件和更换高产品种能够提高的玉米产量空间较大,达 47%。

吉林省近 50 年玉米农户实际产量仅达到潜在产量的 38%,即该省玉米总产量差为 62%,

其中产量差1、产量差2和产量差3分别占到7%、41%和14%；说明吉林省通过提高栽培管理措施、改善土壤条件和更换高产品种能够提高的玉米产量空间较黑龙江省略低，为41%。

辽宁省近50年玉米农户实际产量仅达到潜在产量的34%，低于黑龙江省和吉林省，玉米总产量差为66%，其中产量差1为7%，产量差2为32%，产量差3为27%。说明与黑龙江省和吉林省相比，辽宁省通过提高栽培管理措施、改善土壤条件和更换高产品种能够提高的玉米产量空间较低，仅为32%。

从全区50年平均来看，农户实际产量达到潜在产量的36%，即总产量差为64%，其中产量差1为8%，产量差2为40%，产量差3为16%。其中产量差2是可以通过栽培管理措施调控、改善土壤条件和更换高产品种来逐步缩小的，是研究的重点，因此我们在以下两节重点分析东北三省不同气候区内土壤、品种以及栽培管理措施分别对这部分产量差(40%)的限制程度，明确不同气候区内玉米高产的主要限制因子，以及通过改善土壤、品种以及栽培管理措施可能提升的玉米产量空间。

6.2 土壤、品种和栽培管理措施对玉米产量的限制程度

上一节明确了东北三省玉米各层次产量差的时空分布特征，本节在此分析基础上，利用调参验证后的 APSIM-Maize 进一步解析玉米可获得产量与农户潜在产量之间的产量差形成的原因，及农学因素(土壤、品种和栽培管理措施)对东北三省玉米产量的限制程度。我们在农户潜在产量基础上分别通过改善土壤、品种和栽培管理措施得到新的产量，并与农户潜在产量比较得出由于土壤、品种和栽培管理措施造成的各个站点的玉米产量差。具体定义如下：

利用 APSIM-Maize 模型模拟不同气候区域各站点 1961—2010 年的农户潜在产量，取50年平均值得出各站点的农户潜在产量多年平均值，记为 Y_f。

在农户潜在产量设定的基础上，各气候区选择较优的土壤，使用 APSIM-Maize 模型模拟各气候区域内各站点 1961—2010 年的产量，求其平均值为土壤优化后的该地区的玉米产量，记为 Y_s。

该气候区选择较优的品种，利用 APSIM-Maize 模型模拟气候区域内各站点 1961—2010 年的产量，求其平均值为品种优化后的该地区的玉米产量，记为 Y_v。

将各气候区的栽培措施设为较优的栽培管理水平，利用 APSIM-Maize 模型模拟各气候区域内各站点 1961—2010 年的产量，求其平均值为栽培管理措施优化后的该地区的玉米产量，记为 Y_m。

根据本章对农户潜在产量的设定，农户潜在产量的施氮量设定为 200 kg/hm²，灌溉量为 0 mm，播种密度为 50000 株/hm²。为了缩小由于栽培管理措施限制的产量差，根据我国高产玉米的配套栽培技术(陈国平等，2009)，结合东北三省的生产实际，将改善栽培管理措施后的推荐施氮量设定为 300 kg/hm²，灌溉量为 200 mm，分别在拔节期和开花期灌溉，播种密度为 70000 株/hm²(具体参见表6.1)。这里需要说明的是，由于缺乏各站点不同年代的实际栽培管理措施资料，因此我们假定在过去50年中东北三省玉米栽培管理措施保持不变，同时各站点栽培管理措施一致。

以上我们定义了改善土壤条件后的产量(Y_s)、更换品种后的产量(Y_v)和改善栽培管理措施后的产量(Y_m)。将各个产量减去农户潜在产量(Y_f)即可得到由于土壤、品种和栽培管理措

施限制的玉米产量差。

表 6.1　农户潜在产量以及改善土壤、品种和栽培管理措施后的产量设定

产量水平设计	土壤	品种	栽培管理措施		
			密度(株/hm²)	灌溉量(mm)	施氮量(kg/hm²)
农户潜在产量(Y_f)	当地	当地	50000	0	200
改善土壤条件后的产量(Y_s)	较优	当地	50000	0	200
更换品种后的产量(Y_v)	当地	较优	50000	0	200
改善栽培管理措施后的产量(Y_m)	当地	当地	70000	200	300

为了明确东北三省不同区域限制玉米生产的主要限制因子,按照有效积温(GDD)和水分亏缺指数(K)将东北三省玉米实际种植区划分为 10 个气候区(climate zone,CZ),细致解析各气候区内土壤、品种及栽培管理措施对玉米产量的限制程度。气候区的划分方法如下:

首先依据玉米生长季内 GDD(1460~2370 ℃·d)将全区分为 5 个区域:1460~1600、1601~1800、1801~2000、2001~2200 和 2201~2370 ℃·d。然后依据生长季内玉米水分亏缺指数(K),将全区平均分为 2 个区域,即降水量可以满足玉米需水的区域($K<0$)和降水量不能满足玉米需水的区域($K>0$)(如图 6.12)。最后叠加 GDD 和 K,将全区划分为 10 个气候区(图6.13 和表 6.2)。

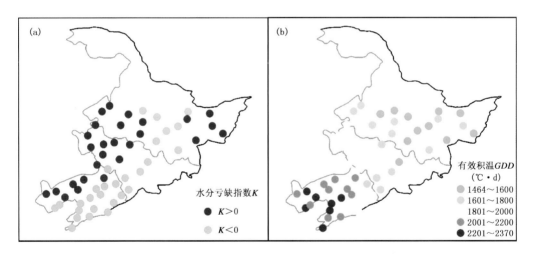

图 6.12　近 50 年东北三省玉米水分亏缺指数(a)和有效积温(b)分布

下面我们将依次解析土壤、品种及栽培管理措施对东北三省可获得产量与农户潜在产量之间的产量差(即产量差 2)的限制程度(Liu et al,2016a,2016b)。

6.2.1　土壤对玉米产量的限制程度

东北三省土壤类型主要有黑土、黑钙土、白浆土、草甸土、暗棕壤、棕壤等。该区土壤肥沃,有机质含量高,是世界上仅有的三大黑土区之一。土壤容重是衡量土壤结构和评价土壤质量的重要参数,对土壤通气、持水性质、坚实度等土壤物理性质影响显著,直接影响土壤肥力状况

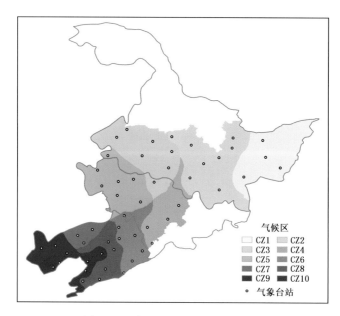

图 6.13　东北三省玉米气候区分布

表 6.2　东北三省玉米气候区划分指标

气候区编号	气候区名称	有效积温 GDD（℃·d）	水分亏缺指数 K
第 1 气候区	黑龙江省东部地区（EH）	1460～1600	>0
第 2 气候区	黑龙江省中部地区（CH）	1460～1600	<0
第 3 气候区	黑龙江省西部地区（WH）	1601～1800	>0
第 4 气候区	吉林省东部地区（EJ）	1601～1800	<0
第 5 气候区	吉林省西部地区（WJ）	1801～2000	>0
第 6 气候区	辽宁省东北部地区（NEL）	1801～2000	<0
第 7 气候区	辽宁省西北部地区（NWL）	2001～2200	>0
第 8 气候区	辽宁省沿海地区（CL）	2001～2200	<0
第 9 气候区	辽宁省西南部地区（SWL）	2201～2370	>0
第 10 气候区	辽宁省东南部地区（SEL）	2201～2370	<0

和植物根系的发育，进而影响作物生长发育及产量的形成（吕贻忠等，2006）。因此，我们分析了当地实际土壤在化学特性相同，通过将土壤替换为该区域较适宜土壤后产量与变化前产量比较，得出土壤对玉米产量的限制程度。

根据中国土壤数据库（http://www.soil.csdb.cn/）中土种数据库以及第二次土壤普查农田肥力数据，东北三省表层土壤（0～10 cm）土壤容重分布如图 6.14 所示。取各气候区平均值并结合农业气象观测站实测分层土壤容重数据得出不同气候区分层土壤容重，同时将海伦地区的土壤设定为较优土壤（见表 6.3）。

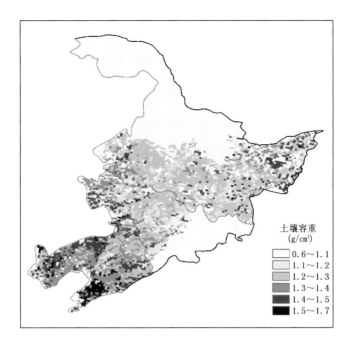

图 6.14　东北三省表层土壤(0~10 cm)土壤容重分布

表 6.3　东北三省各气候区土壤及较优土壤分层土壤容重　　　（单位：g/cm³）

	土层深度(cm)						
	0~10	10~20	20~30	30~50	50~70	70~90	90~110
第 1 气候区	1.26	1.29	1.31	1.33	1.38	1.49	1.56
第 2 气候区	1.22	1.26	1.27	1.32	1.37	1.46	1.52
第 3 气候区	1.07	1.26	1.23	1.21	1.30	1.35	1.31
第 4 气候区	1.38	1.48	1.48	1.40	1.45	1.46	1.42
第 5 气候区	1.50	1.38	1.46	1.47	1.51	1.51	1.51
第 6 气候区	1.45	1.37	1.24	1.37	1.37	1.37	1.37
第 7 气候区	1.30	1.29	1.35	1.42	1.37	1.37	1.37
第 8 气候区	1.48	1.37	1.26	1.38	1.38	1.39	1.39
第 9 气候区	1.32	1.30	1.36	1.41	1.37	1.39	1.39
第 10 气候区	1.45	1.38	1.26	1.37	1.37	1.37	1.37
较优土壤	1.04	1.14	1.14	1.15	1.28	1.33	1.38

图 6.15 为东北三省玉米特定品种在当地自然降水条件下,仅土壤更换为该区域较适宜土壤后的产量(Y_s)与农户潜在产量(Y_f)之间的产量差,即土壤物理性质对玉米产量的限制程度。由图可以看出,由于土壤物理性质限制的东北三省玉米产量差 50 年平均值为 0.01~1.24 t/hm²,其中高值区(>1.00 t/hm²)的站点仅有前郭尔罗斯、三岔河和彰武 3 个站点;该产量差介于 0.51~1.00 t/hm² 的站点约占全区站点的 47%,主要包括黑龙江省、吉林省和辽宁省的西部地区。最小值位于吉林省和辽宁省的东部地区,该产量差小于 0.50 t/hm²。

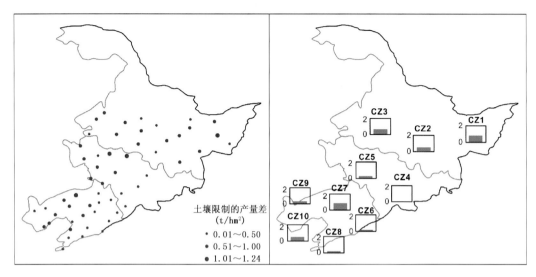

图 6.15　东北三省土壤限制的玉米产量差

根据气候区进一步得出各区域由于土壤限制的产量差,可以看出,黑龙江省的第 1、第 2 和第 3 气候区该层次产量差较大,约为 0.65 t/hm²。吉林省的两个气候区(第 4 和第 5 气候区)该层次产量差相对较小,分别为 0.03 和 0.31 t/hm²。辽宁省有 5 个气候区,其中第 7 气候区该层次产量差最大,为 0.89 t/hm²,其次为第 9 和第 10 气候区(分别为 0.38 和 0.48 t/hm²),该层次产量差最小的气候区为第 6 和 8 气候区(0.23 t/hm²)(如图 6.15)。

6.2.2　品种对玉米产量的限制程度

本节基于划分的 10 个气候区,在每个气候区内各个站点分别基于实际品种以及该气候区内的高产品种进行模拟,整个模拟过程中的栽培管理措施与农户潜在产量的设定保持一致,模拟年限为 1961—2010 年,比较各个站点高产品种产量(Y_v)与实际品种产量(Y_f)之间的产量差。

图 6.16 为东北三省玉米实际种植品种与高产品种的生育期长度的差异。由图可以看出,玉米高产品种均比当地实际种植品种生育期长,且区域间差异较大,站点间变化的范围为 1～20 d。高值区位于黑龙江省和吉林省,黑龙江省所选的高产品种比当地实际种植品种生育期长 6～20 d;吉林省所选的高产品种比当地实际种植品种生育期长 7～18 d;而辽宁省所选的高产品种比当地实际种植品种生育期长 1～3 d。

进一步比较玉米实际种植品种与高产品种的营养生长和生殖生长阶段长度,由图 6.17 可以看出,黑龙江省和吉林省玉米高产品种比实际种植品种的营养生长阶段长,而在辽宁省略短。具体而言,黑龙江省推荐的玉米高产品种比当地实际种植品种的营养生长阶段长 4～14 d,高于 10 d 以上的站点包括富裕、齐齐哈尔、海伦、明水、泰来、绥化、安达和哈尔滨。吉林省推荐的玉米高产品种比当地实际种植品种的营养生长阶段长 3～7 d,略低于黑龙江省。而辽宁省推荐的玉米高产品种比当地实际种植品种的营养生长阶段短 2～5 d,但生殖生长阶段延长 3～7 d,有利于花后干物质的转移。同样,黑龙江省和吉林省推荐的玉米高产品种比当地实际种植品种的生殖生长阶段分别长 3～10 d 和 8～14 d。

图 6.16　东北三省实际种植品种与高产品种生长季长度差异

图 6.17　东北三省实际种植品种与高产品种营养生长和生殖生长阶段差异

　　各气候区玉米实际种植品种与高产品种的生育期长度的平均状况如图 6.18,可以看出,位于黑龙江省的第 1～第 3 气候区,玉米实际种植品种的生育期长度分别为 123、122 和 117 d,推荐种植的高产品种的生育期长度分别为 137、136 和 135 d,分别比实际种植品种的平均生育期长 14、14 和 18 d;位于吉林省的第 4 和第 5 气候区,玉米实际种植品种的生育期长度分别为 125 和 136 d,推荐种植的高产品种的生育期长度分别为 142 和 148 d,分别比实际种植品种的平均生育期长 17 和 12 d；位于辽宁省的第 6～第 10 气候区，玉米实际种植品种的生育期长度分别为 155、151、150、150 和 146 d，推荐种植的高产品种的生育期长度分别为 158、152、151、151 和 147 d，分别比实际种植品种的平均生育期长 3、1、1、1 和 1 d。

黑龙江省、吉林省和辽宁省实际种植的玉米品种的生育期长度分别为 119、134 和 152 d，而推荐种植的玉米高产品种的生育期长度分别为 134、148 和 153 d，分别比实际种植的玉米品种生育期长 15、14 和 1 d。从东北三省全区来看，推荐的高产品种比实际种植品种生育期长约 9 d。

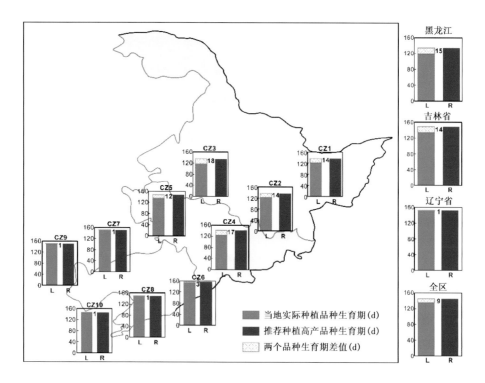

图 6.18　东北三省实际种植品种与高产品种生育期比较
（L 和 R 代表当地实际种植和推荐的高产品种）

由于玉米高产品种比实际种植品种生育期长，因此，推荐的高产品种产量要高于当地实际种植品种。高产品种与实际种植品种之间的产量差 50 年平均值在 0.36～2.23 t/hm² 之间，其中高值区（＞1.50 t/hm²）占全区全部站点的 29％，主要分布在黑龙江省。产量差介于 1.01～1.50 t/hm² 的站点有 36％，主要包括吉林省和辽宁省的东部地区；剩余 35％ 的站点产量差低于 1.00 t/hm²，这些站点主要分布在吉林省和辽宁省的西部干旱区。雨养玉米由于受到降水资源的限制，使得高产品种的优势未能充分发挥，因此，玉米高产品种与当地实际种植品种间的产量差比其他地区小（如图 6.19）。

根据气候区进一步得出各区域产量差的平均状况如图 6.19，由图可以看出，黑龙江省的第 1、第 2 和第 3 气候区的产量差相对较大为 1.70 t/hm²。分布于吉林省的第 4 和第 5 气候区产量差相对较小，平均为 1.30 t/hm²。在辽宁省的 5 个气候区，总体趋势是西部干旱区（第 7 和第 9 气候区）由于降水量的影响，使得高产品种的潜力不能最大程度发挥，因此高产品种与实际种植品种的产量差较小(约为 0.60 t/hm²),而东部降水量相对较大的区域(第 6、第 8 和第 10 气候区)产量差较大(1.00～1.30 t/hm²)。

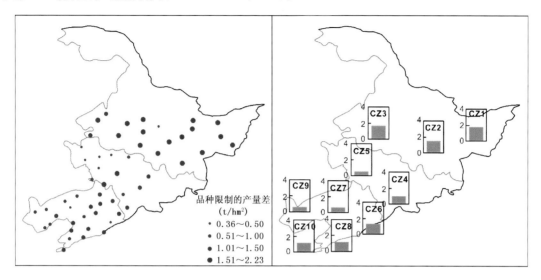

图 6.19　东北三省品种限制的玉米产量差

6.2.3　栽培管理措施对玉米产量的限制程度

耕作栽培管理粗放、施肥方法不科学、技术不规范和到位率低是制约当前东北三省玉米潜在产量实现的第一大类因素(王崇桃等,2010)。根据王崇桃和李少昆(2010)对东北三省玉米生产限制因素研究表明,灌溉、施肥和播种密度是影响东北玉米增产的主要限制因子,为此选取这 3 个因素,利用 APSIM-Maize 模型和统计分析方法解析栽培管理措施对不同地区玉米产量的限制程度。每个因素设定两个水平,即当地农户水平和推荐水平,比较各个站点较优的栽培管理措施和农户栽培管理措施之间的产量差,即为栽培管理措施可提升的玉米产量。

图 6.20 为东北三省玉米由于栽培管理措施不到位限制的产量差。从图可以看出,较好的栽培管理措施与农户实际栽培管理措施之间的产量差,即由栽培管理措施不合适导致的产量差 50 年平均值为 0.95～5.12 t/hm²,且区域之间差异较大。

该产量差的高值区在吉林省和辽宁省的西部干旱区,由于栽培管理措施造成的产量差 50 年平均值为 3.01～5.12 t/hm²,包括白城、通榆、乾安和朝阳等 11 个站点,占全区总站点数的 20%;该产量差相对较小的区域在黑龙江省西部和东部的个别站点以及辽宁省中西部的部分地区,该产量差 50 年平均值为 2.01～3.00 t/hm²,包括齐齐哈尔、泰来、富裕等 16 个站点,占全区总站点数的 29%;该产量差的低值区位于黑龙江省中部、吉林省和辽宁省的东部地区,由于栽培管理措施造成的产量差的范围为 0.95～2.00 t/hm²,共有 28 个站点,占全区总站点数的 51%,即全区过半的站点由于栽培管理措施造成的产量差低于 2.00 t/hm²。

由于栽培管理措施限制造成的产量差在各气候区不同,黑龙江省第 1、第 2 和第 3 气候区该产量差分别为 3.87、3.64 和 3.54 t/hm²;吉林省第 4 和第 5 气候区该产量差分别为 3.21 和 4.25 t/hm²;辽宁省第 6～第 10 气候区该产量差分别为 1.37、4.16、1.13、3.51 和 1.42 t/hm²。以上分析可以看出,栽培管理措施的限制造成的玉米产量差最大的前 3 个气候区依次

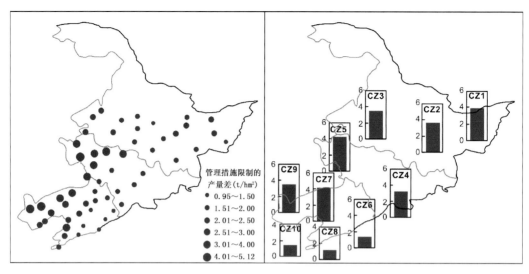

图 6.20　东北三省栽培管理措施限制的玉米产量差

为第 5、第 7 和第 1 气候区,即吉林省西部地区、辽宁省西北部地区和黑龙江省东部地区。同时可以得出,同一积温带内降水量不能满足玉米需水的气候区,其产量差相对较高,即第 1 气候区>第 2 气候区,第 3 气候区>第 4 气候区,第 5 气候区>第 6 气候区,第 7 气候区>第 8 气候区,第 9 气候区>第 10 气候区(如图 6.20)。

从各省平均状况来看,栽培管理措施限制使黑龙江省、吉林省和辽宁省玉米产量每公顷分别损失 3.90、3.50 和 2.20 t,使得东北三省 50 年玉米平均产量损失 3.30 t/hm²。

6.3　缩差途径对玉米产量提升的贡献

在明确农学因素对玉米产量限制程度的基础上,本节将进一步分析不同的缩差途径对玉米产量提升的贡献,重点考虑的缩差途径包括改善土壤物理性质、更换品种和改善栽培管理措施。我们在农户潜在产量基础上分别通过改善土壤、品种和栽培管理措施得到产量,计算出与农户潜在产量的差值占农户潜在产量的比例,即可得出通过改善土壤、品种和栽培管理措施对玉米产量提升的贡献,采用的模型设定方法与 6.2 节相同,这里不再赘述。

下面依次分析改善土壤、更换品种和改善栽培管理措施对东北三省玉米产量提升的贡献。

6.3.1　改善土壤对玉米产量提升的贡献

图 6.21 为东北三省玉米特定品种在当地自然降水条件下,改变土壤物理特征可提升的玉米产量空间。由图可以看出,改变土壤物理特征可以使东北三省玉米产量提升 0~25%。全区 38% 站点通过改变土壤物理特征产量提升 11%~25%,包括黑龙江省大部分地区、吉林省西部以及辽宁省的开原和彰武。其余 62% 的站点通过改变土壤物理特征,玉米产量可提升空间小于 10%。

各气候区内通过改变土壤物理特征产量可提升空间不同,产量可提升最大区域为第 1、第 2、第 3 和第 7 气候区,达 10%~15%,高于全区的平均值(9%);其次是第 9 和第 10 气候区,即辽宁省东南和西南部地区,产量可提升空间为 6%;第 4、第 5、第 6 和第 8 气候区土壤较为适宜,通过改变土壤物理特征可提升产量空间低于 5%。

各省通过改变土壤物理特征可不同程度提高农户潜在产量,全区平均为 9%,黑龙江省、吉林省和辽宁省提升空间依次为 14%、8% 和 7%。这与王崇桃和李少昆(2010)的研究结果一致,即东北三省土壤条件对玉米的限制程度为 7%,并不是该地区产量形成的主要限制因子。

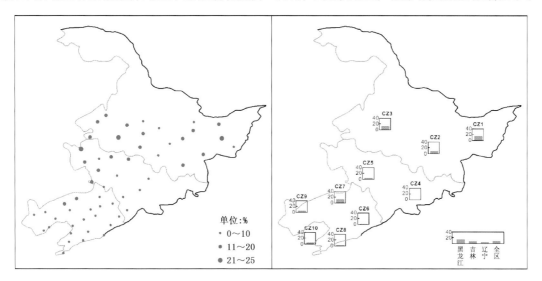

图 6.21　东北三省改变土壤物理特征可提升玉米产量空间

6.3.2　更换品种对玉米产量提升的贡献

图 6.22 为更换高产品种可提升玉米产量空间。由图可以看出,通过更换高产品种可以提升的产量占农户潜在产量的比例,区域之间差异较大,变化范围为 5%~45%。通过更换高产品种,产量提升空间最大区域是黑龙江省齐齐哈尔、明水和绥化,为 41%~45%;其次为黑龙江省其他站点,为 31%~40%,站点数占全区总站点数的 25%。吉林省东部和辽宁省东部地区更换品种可以提升的产量范围为 11%~30%,占到全区总站点数的 47%。吉林省西部和辽宁省西部地区更换品种可以提升的产量幅度最小,仅为 5%~10%。

黑龙江省第 1、第 2 和第 3 气候区通过更换高产品种可提升的产量占当地农户潜在产量的 40%。吉林省第 4 和第 5 气候区通过更换高产品种可提升的产量占当地农户潜在产量的 19%。辽宁省西部干旱区(第 7 和第 9 气候区)由于降水的影响,使得高产品种的潜力不能充分发挥,因此通过改变品种提升产量的空间有限,而东部降水量相对较大的区域(第 6、第 8 和第 10 气候区),通过改变品种提升产量的空间较大,辽宁省全省通过改变品种可提升产量空间为 13%。

黑龙江省、吉林省和辽宁省品种的更换可不同程度提高农户潜在产量,产量提升空间黑龙江省>吉林省>辽宁省,分别为 40%、19% 和 13%。从全区平均来看,通过更换品种可使东北三省平均农户潜在产量提升 22%。

综上所述,通过更换品种玉米产量能够提升的空间为 5%~45%,各区域之间差异较大。在第 1~第 10 气候区应选择不同生育期长度的高产品种,如表 6.4 所示。从第 1 到第 10 气候

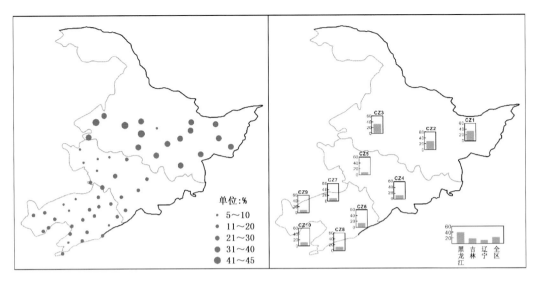

图 6.22　东北三省更换高产玉米品种产量可提升空间

区,生育期长度依次为 137、136、135、142、148、158、152、151、151 和 146 d,比当地实际种植品种生育期分别长 14、14、18、17、12、3、1、1、1 和 1 d,可使玉米潜在产量分别提升 34%、29%、33%、14%、8%、15%、9%、13%、10% 和 13%。从全区平均来看,推荐的玉米高产品种生育期长度为 145 d,比当地实际种植的玉米品种生育期长度长 9 d,因此,更换品种可以使得东北三省玉米产量提升 22%。

表 6.4　东北三省各气候区实际种植、高产品种生育期长度　　　　　（单位:d）

气候区	实际种植品种	高产品种	差值
第 1 气候区	123	137	14
第 2 气候区	122	136	14
第 3 气候区	117	135	18
第 4 气候区	125	142	17
第 5 气候区	136	148	12
第 6 气候区	155	158	3
第 7 气候区	151	152	1
第 8 气候区	150	151	1
第 9 气候区	150	151	1
第 10 气候区	145	146	1

6.3.3　改善栽培管理措施对玉米产量提升的贡献

图 6.23 为改善栽培管理措施可提升的产量空间。由图可以看出,通过改善栽培管理措施可使东北三省玉米产量提升 12%~110%,各区域之间差异较大,随经度呈带状分布。降水量较低的西部地区,通过改善栽培管理措施可提升产量空间较大。其中,泰来、白城、通榆、朝阳和叶柏寿 5 个站点产量提升空间最大,达 81%~110%;其次为富裕、齐齐哈尔、安达、前郭尔

罗斯、乾安、长岭、双辽、彰武和阜新 9 个站点,通过改善栽培管理措施玉米可提升产量空间为 51%~80%;黑龙江省东部地区的富锦、宝清、佳木斯、依兰和牡丹江 5 个站点,通过改善栽培管理措施玉米可提升产量空间为 41%~50%;黑龙江省其他站点和吉林省西部地区等 26 个站点,通过改善栽培管理措施可提升产量空间为 21%~40%;辽宁省东部地区通过改善栽培管理措施可提升产量空间最小,为 12%~20%,主要是由于该区域降水量较丰富,灌溉并不是限制该地区产量的主要因子。

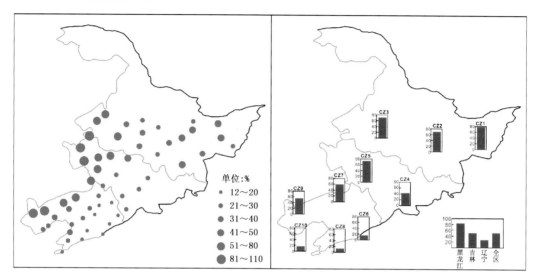

图 6.23　东北三省改善栽培管理措施可提升玉米产量空间

第 1~第 10 气候区通过改善栽培管理措施玉米可提升产量空间分别为 78%、69%、71%、43%、73%、16%、60%、13%、56% 和 16%,同一积温带内降水量不能满足玉米需水的气候区,通过改善栽培管理措施可以提升的玉米产量空间相对较高。

从各省及全区产量提升空间的角度来看,栽培管理措施的改进使东北三省平均农户潜在产量提升 51%,黑龙江省、吉林省和辽宁省分别提升 85%、51% 和 28%。

在本章中,我们将东北三省玉米潜在产量与农户实际产量之间的产量差定义为总产量差,总产量差划分为产量差 1、产量差 2 和产量差 3,而这 3 个层次产量差分别由不可转化技术、品种、土壤、栽培管理措施以及市场因素引起的。我们进一步解析了产量差 2(可获得产量与农户潜在产量的差值)的制约因素以及制约程度,并按不同气候区进行对比分析。

因此,综合上述研究结果,将东北三省玉米产量差的制约因素及不同气候区的制约程度汇总如图 6.24,用木桶原理来诠释产量差限制因子对潜在产量实现的制约程度。盛水的木桶由多块木板箍成,盛水量是由木板中的短板所限制,这块短板就成为这个木桶盛水量的"限制因素"(或称"短板效应")。若想增加木桶盛水量,只有替换或加长短板(即"木桶原理"或称"短板理论")。

木桶原理同样适用于产量差研究。若将木桶的最高木板定义为潜在产量,而在作物生产中由各种因素的限制,产量一般低于潜在产量,因此将不同因素限制的产量定义为不同的短板。本研究共定义了 5 个不同的短板,按照各限制因素逐级叠加的方式,即最短的木板代表所有限制因素共同作用的农户实际产量。首先是由于不可转化技术因素造成的产量,即该研究

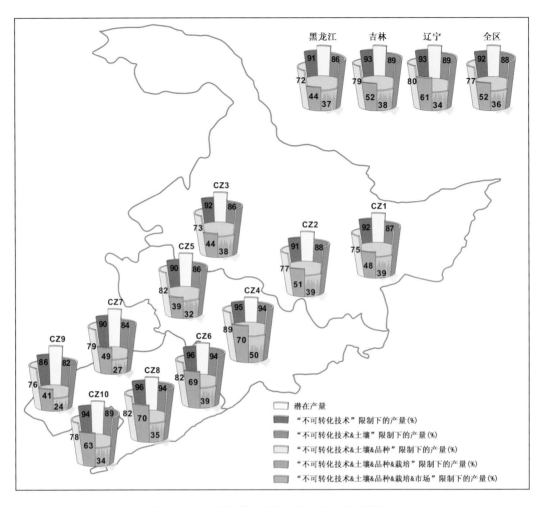

图 6.24　各种因素对东北三省玉米产量的限制

（每块木板代表不同水平的产量，潜在产量设为 100%，数字为其他产量占潜在产量百分比）

中定义的可获得产量，该产量是木桶中的第二高度木板，略低于潜在产量；加上土壤条件的限制，产量进一步减少，此为木桶中的第三高度木板；在农户选择品种时，由于多种原因并不是都能选择高产品种，一定程度限制了高产的实现，形成木桶中的第四高度木板；在实际栽培管理过程中，由于农户较差的栽培管理模式又进一步增加了产量的损失，我们称之为木桶中的第五高度木板；在这些影响因素之外，市场经济因素也直接影响农民的积极性等，该产量即为农户实际产量，即为最短的木板。

　　图 6.24 为东北三省不同气候区、各省以及全区平均产量差限制因素的木桶结构。5 个短板上标示的数据代表相应的短板对应的产量相对于潜在产量的百分比。由图可以看出，不同气候区由于不可转化技术因素限制的产量为潜在产量的 86%～96%。其中黑龙江省的第 1～第 3 气候区及吉林省和辽宁省的西部气候区该产量占潜在产量的百分比较小，主要是由于降水量较低，同时充分灌溉在按照目前的技术水平并不能实现。不可转化技术因素限制的产量各省及全区平均差异不大，约为潜在产量的 91%～93%。

　　不同气候区，不可转化技术因素和土壤因素共同限制的产量为潜在产量的 82%～94%，与仅由不可转化技术限制的产量差别不大,主要是土壤在各气候区的限制程度为 1%～6% 之间,对产量的限制程度不高。从各省及全区平均来看,该产量占潜在产量的百分比差异不大,为 86%～89%。

在上述两个限制因素的基础上,加上品种的限制,东北三省不同气候区玉米平均产量为潜在产量的 73%～89%,全区平均为潜在产量的 77%。黑龙江省、吉林省和辽宁省该产量分别达到潜在产量的 72%、79% 和 80%。

若加入栽培管理措施对玉米生产的限制,不同气候区玉米平均产量为潜在产量的 39%～70%,各气候区之间差异较大,总体表现为降水量较充足的第 1、第 3、第 5、第 7 和第 9 气候区较相对缺水的第 2、第 4、第 6、第 8 和第 10 气候区该产量占潜在产量的百分比较高。这主要是由于栽培管理措施(特别是灌溉)在不同气候区的限制程度差异较大,为 12%～42%。从各省平均来看,该产量占潜在产量的百分比黑龙江省(44%)＜吉林省(52%)＜辽宁省(61%),全区平均约为 52%。

最后加入市场因素的影响得出,各气候区玉米的平均产量仅为潜在产量的 24%～50%。因此可以看出,虽然各因素对产量的限制程度均不高,但是综合来看,由于各因素的共同作用,使得农户实际产量与潜在产量间产量差较大。

6.4 小结

本章基于 1961—2010 年气象数据和农户实际玉米产量数据,利用调参验证后的 APSIM-Maize 模型,综合 ArcGIS 和统计方法,明确了东北三省玉米潜在产量、可获得产量、农户潜在产量和农户实际产量空间分布特征和演变趋势,定量评估了玉米潜在产量与农户实际产量之间的产量差,以及各层次产量差的空间分布特征和演变趋势。针对不同气候区,解析了土壤、品种以及栽培管理措施对玉米产量的限制程度,以及缩差途径对玉米产量提升的贡献。

参 考 文 献

陈国平,王荣焕,赵久然,2009.玉米高产田的产量结构模式及关键因素分析[J].玉米科学,**17**(4):89-93.

高强,冯国忠,王志刚,2010.东北地区春玉米施肥现状调查[J].中国农学通报,**26**(14):229-231.

刘志娟,杨晓光,吕硕,等,2017.东北三省春玉米产量差时空分布特征[J].中国农业科学,**50**(9):1606-1616.

吕贻忠,李保国,2006.土壤学[M].北京:中国农业出版社.

王崇桃,李少昆,2010.玉米生产限制因素评估与技术优先序[J].中国农业科学,**43**(6):1136-1146.

王建东,龚时宏,许迪,等,2015.东北节水增粮玉米膜下滴灌研究需重点关注的几个方面[J].灌溉排水学报,**34**(1):1-4.

杨晓光,刘志娟,2014.作物产量差研究进展.中国农业科学,**47**(14):2731-2741.

Liu Z,Yang X,Lin X,et al,2016a. Narrowing the agronomic yield gaps of maize by improved soil,cultivar and agricultural management practices in different climate zones of Northeast China[J]. *Earth Interactions*. **20**(12):1-18.

Liu Z,Yang X,Lin X,et al,2016b. Maize yield gaps caused by non－controllable,agronomic,and socioeconomic factors in a changing climate of Northeast China[J]. *Science of the Total Environment*. **541**,756-764.

第7章 干旱和冷害演变特征及其对玉米影响

第3章分析表明,气候变化背景下东北三省玉米生长季内温度升高、积温增加,降水总体呈减少趋势,加之极端天气气候事件波动性加剧,干旱和冷害仍是东北三省主要农业气象灾害,直接影响玉米生长发育和产量形成。本章基于历史气候资料和玉米生育期资料,结合第2章玉米干旱和冷害指标以及 APSIM-Maize 模型,分析干旱和冷害时间演变趋势和空间分布特征,定量分析了不同等级干旱对玉米产量的影响程度。

7.1 玉米干旱指标订正

《农业干旱等级》国家标准(GB/T 32136—2015)中规定了农业干旱指标——作物水分亏缺指数($CWDI$)的计算方法和干旱等级,该指标干旱等级的划分是面向全国,并不能充分反映地区间差异。为使作物水分亏缺指数这一干旱指标更适用于东北三省玉米干旱研究,本节在前人研究基础上对东北三省玉米农业干旱指标的分级标准进行了订正(黄晚华等,2009;董秋婷等,2011;张淑杰等,2011),订正的方法是对研究区域典型站点的计算结果进行实际旱情的验证。订正前后的指标分级标准如表 7.1 所示(董朝阳等,2015)。由表中作物水分亏缺指标对应的干旱等级可以看出,作物水分亏缺指数数值越高,表明干旱越重。

表 7.1 基于作物水分亏缺指数的农业干旱等级划分 （单位:%）

等级	作物水分亏缺指数等级行业标准	订正后的作物水分亏缺指数等级
无旱	$CWDI \leqslant 15$	$CWDI \leqslant 35$
轻旱	$15 < CWDI \leqslant 25$	$35 < CWDI \leqslant 50$
中旱	$25 < CWDI \leqslant 35$	$50 < CWDI \leqslant 65$
重旱	$35 < CWDI \leqslant 50$	$65 < CWDI \leqslant 80$
特旱	$CWDI > 50$	$CWDI > 80$

选取辽宁省朝阳作为典型站点进行干旱指数的旱情验证。玉米播种—拔节、拔节—抽雄以及抽雄—成熟阶段的作物水分亏缺指数的订正结果如图 7.1 所示,实际旱情资料来源于《中国气象灾害大典·辽宁卷》(李波等,2007)。由于灾害大典中干旱的记录截至 2000 年,在此验证的年限为 1961—2000 年,共 40 年,每年分 3 个生育阶段进行验证,总计 120 个阶段(董朝阳等,2013)。

在验证过程中分为 4 种情况进行统计,即符合、基本符合、不符合以及未记录。得到满足4 种情况的时段数分别占总时段数的百分比,进而比较等级订正前后百分比的变化情况,结果见表 7.2。通过比较干旱等级订正前后的变化,可以看出,指标等级订正后典型站点实际旱情

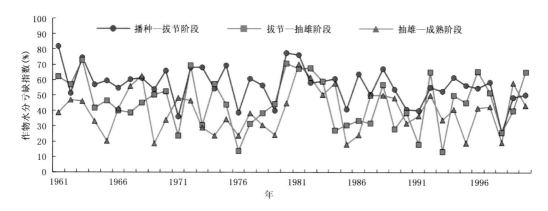

图 7.1　1961—2000 年辽宁省朝阳玉米各生育阶段作物水分亏缺指数变化

与计算结果相符合的比例明显提高，而基本符合和不符合情况的比例明显下降，这说明，订正后的干旱等级指标更适用于东北三省，可用于研究区域玉米干旱等级划分。

表 7.2　作物水分亏缺指数（CWDI）的等级验证　　　　　　（单位：％）

符合程度	订正前	订正后	绝对提高（百分点）
符合	42.5	66.7	+24.2
基本符合	21.7	15.0	−6.7
不符合	25.0	7.5	−17.5
未记录	10.8	10.8	0

注："+"表示等级标准订正后符合程度增加；"−"表示等级标准订正后符合程度降低。

7.2　玉米生长季干旱特征

东北三省降水年际之间及年内分布极不均匀，阶段性干旱严重。因此，本节将玉米分为营养生长阶段（播种—拔节）、营养向生殖生长过渡阶段（拔节—抽雄）以及生殖生长阶段（抽雄—成熟），分析玉米可种植区内干旱时空特征。

7.2.1　干旱时间演变趋势

（1）干旱指数的年际变化趋势

以每省所有站点的作物水分亏缺指数平均值作为该省代表值，比较分析各省玉米生长季内不同生育阶段干旱的年际变化。各省 1961—2010 年玉米不同生育阶段作物水分亏缺指数变化如图 7.2 所示。

图 7.2a 为播种—拔节阶段作物水分亏缺指数变化，如图所示，黑龙江省作物水分亏缺指数在 19％（1988 年）～59％（2003 年）之间，平均为 39％，且过去 50 年呈降低趋势，每 10 年降低 0.46 个百分点；吉林省作物水分亏缺指数在 19％（1988 年）～52％（1970 年）之间，平均为 35％，过去 50 年亦呈降低趋势，每 10 年降低 1.38 个百分点；辽宁省作物水分亏缺指数在 21％（2005 年）～63％（2001 年）之间，平均为 42％，过去 50 年也是呈降低趋势，每 10 年降低 1.03 个百分点。过去 50 年各省作物水分亏缺指数均有微弱下降趋势，但趋势并不明显。表明

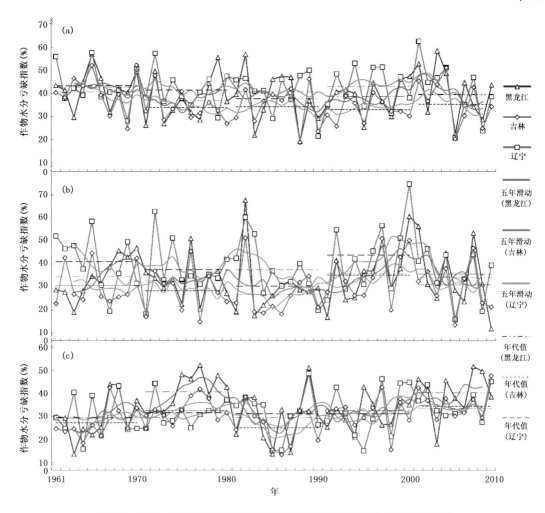

图7.2 1961—2010年东北三省玉米各生育阶段作物水分亏缺指数变化
(a)播种—拔节阶段;(b)拔节—抽雄阶段;(c)抽雄—成熟阶段

东北三省玉米播种—拔节阶段干旱变化趋势并不明显。1961—1990年,作物水分亏缺指数辽宁省>黑龙江省>吉林省,表明该生育阶段辽宁省干旱程度重于其他两省,2001—2010年辽宁省干旱程度有所下降,与黑龙江省持平。

拔节—抽雄阶段作物水分亏缺指数变化如图7.2b所示,由图可以看出,黑龙江省作物水分亏缺指数在12%(2009年)~68%(1982年)之间,平均为33%,总体呈增加趋势,每10年增加0.48个百分点;吉林省作物水分亏缺指数在14%(2005年)~51%(1981年)之间,平均为30%,总体呈增加趋势,每10年增加0.81个百分点,增加幅度高于黑龙江省;辽宁省作物水分亏缺指数在16%(2005年)~75%(2000年)之间,平均为39%,总体呈减少趋势,每10年降低-0.61个百分点。过去50年作物水分亏缺指数辽宁省呈减少趋势,黑龙江省和吉林省均呈增加趋势,但趋势均不显著。比较而言,干旱指数的年代值仍是辽宁省>黑龙江省>吉林省,说明该生育阶段辽宁省干旱仍是重于黑龙江省和吉林省。

抽雄—成熟阶段作物水分亏缺指数变化如图7.2c所示,由图可以看出,黑龙江省作物水分亏缺指数在14%(1963年)~52%(1977年)之间,平均为34%,过去50年作物水分亏缺指数呈增加趋势,每 10 年增加 1.62 个百分点;吉林省作物水分亏缺指数在 13%(1986 年)～48%(2009 年)之间,平均为 30%,过去 50 年作物水分亏缺指数呈增加趋势,每 10 年增加 1.29 个百分点;辽宁省作物水分亏缺指数在 15%(1995 年)～49%(1989 年)之间,平均为 32%,过去 50 年作物水分亏缺指数也呈增加趋势,每 10 年增加 0.94 个百分点。过去 50 年东北三省作物水分亏缺指数均呈增加趋势,虽然增加趋势不明显,但说明该阶段干旱呈加重趋势。比较各年代之间变化,黑龙江省最为剧烈,说明黑龙江省干旱年际间波动较大。

为了进一步比较东北三省各生育阶段作物水分亏缺指数年际波动,采用东北三省多年的作物水分亏缺指数四分位图进行分析,如图 7.3 所示。从图中可以看出,吉林省玉米 3 个生育阶段的作物水分亏缺指数均为最低,辽宁省玉米播种—拔节和拔节—抽雄阶段作物水分亏缺指数最高,而黑龙江省玉米抽雄—成熟阶段作物水分亏缺指数最高。比较各省年际间波动,吉林省最小,黑龙江省和辽宁省波动较大。

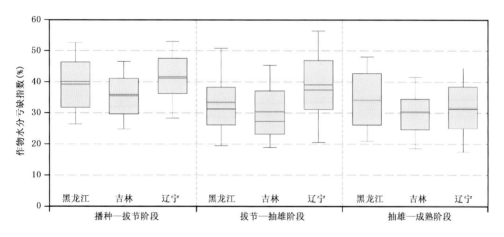

图 7.3 1961—2010 年东北三省玉米各生育阶段作物水分亏缺指数四分位图

(四分位图内五条实线分别为数据的上边缘、上四分位数、中位数、下四分位数、下边缘;虚线为均值)

综上所述,作物水分亏缺指数整体表现为辽宁省>黑龙江省>吉林省,比较而言辽宁省玉米生育前期和中期干旱均重于黑龙江省和吉林省;玉米播种—拔节阶段作物水分亏缺指数高于拔节—抽雄和抽雄—成熟阶段,表明播种—拔节阶段玉米更容易发生干旱。过去 50 年作物水分亏缺指数年际间波动明显,尤其是拔节—抽雄阶段年际间波动最大。

(2)不同等级干旱年代变化特征

分别计算东北三省各站点作物水分亏缺指数,参照农业干旱等级划分标准,得到研究区域玉米各生育阶段干旱等级,作物水分亏缺指数在 35%～50%之间的站点为轻旱区,在 50%～65%之间的站点为中旱区,在 35%以下的站点为无旱区。

图 7.4 为玉米 3 个生育阶段 5 个年代和 50 年平均的干旱等级空间分布图,可以看出,东北三省玉米干旱呈明显的西北—东南带状分布,西北部受旱程度要明显高于东南部。干旱在研究区域呈明显的季节性和区域性特征。播种—拔节阶段受旱程度明显高于生育中期和后期。

播种—拔节阶段,中旱区包括黑龙江省西南部、吉林省西北部、辽宁省西部,面积为 12.15 万 km²;轻旱区为黑龙江省中西部、吉林省中西部以及辽宁省中西部地区,面积为 19.62 万 km²;其余为无旱区,面积为 34.39 万 km²。20 世纪 60 年代玉米干旱范围大,旱情较重,中旱

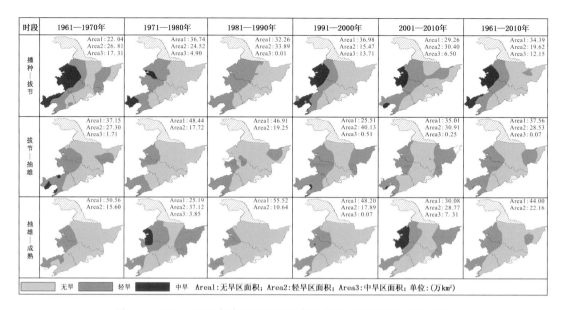

时段	1961—1970年	1971—1980年	1981—1990年	1991—2000年	2001—2010年	1961—2010年
播种—拔节	Area1:22.04 Area2:26.81 Area3:17.31	Area1:36.74 Area2:24.52 Area3:4.90	Area1:32.26 Area2:33.89 Area3:0.01	Area1:36.98 Area2:15.47 Area3:13.71	Area1:29.26 Area2:30.40 Area3:6.50	Area1:34.39 Area2:19.62 Area3:12.15
拔节—抽雄	Area1:37.15 Area2:27.30 Area3:1.71	Area1:48.44 Area2:17.72	Area1:46.91 Area2:19.25	Area1:25.51 Area2:40.13 Area3:0.51	Area1:35.01 Area2:30.91 Area3:0.25	Area1:37.56 Area2:28.53 Area3:0.07
抽雄—成熟	Area1:50.56 Area2:15.60	Area1:25.19 Area2:37.12 Area3:3.85	Area1:55.52 Area2:10.64	Area1:48.20 Area2:17.89 Area3:0.07	Area1:30.08 Area2:28.77 Area3:7.31	Area1:44.00 Area2:22.16

无旱　　　轻旱　　　中旱　Area1:无旱区面积；Area2:轻旱区面积；Area3:中旱区面积；单位:(万 km²)

图 7.4　1961—2010 年东北三省玉米各生育阶段干旱等级空间分布

区面积达到 17.31 万 km²，轻旱区面积为 26.81 万 km²，干旱区面积占到研究区域的 2/3 以上。

拔节—抽雄阶段，轻旱区为黑龙江省西南部和中东部、吉林省西部、辽宁省中部和西部，面积为 28.53 万 km²；中旱仅发生在辽西个别站点，面积为 700 km²；其余区域均为无旱区，面积为 37.56 万 km²。该生育阶段干旱在 20 世纪 70 年代和 80 年代维持在较低水平，轻旱区面积在 20 万 km² 以下；而在 60 年代和 90 年代以后干旱强度和范围相对扩大，其中在 60 年代中旱出现在辽宁省西南部地区，面积达到 1.71 万 km²，在 90 年代轻旱区面积增加到 40.13 万 km²。年代间比较，干旱区变化以黑龙江省中东部和西南部、吉林省北部以及辽宁省南部最为明显。

抽雄—成熟阶段，轻旱区为黑龙江省西南部和中东部、吉林省西部、辽宁省西部，面积为 22.16 万 km²；其余区域均为无旱区，面积为 44.00 万 km²。东北三省干旱在 20 世纪 60、80、90 年代均维持在较低水平，旱区面积低于平均水平；而在 70 年代和 21 世纪头 10 年干旱强度增强、范围扩大，特别是黑龙江省西南部和中东部以及吉林省西北部地区，干旱等级均有不同程度的加重，21 世纪头 10 年中旱区面积增加到 7.31 万 km²。年代间干旱区变化以黑龙江省东部和西部、吉林省西北部以及辽宁省北部最为明显。

7.2.2　干旱空间分布

（1）不同生育阶段干旱等级空间特征

图 7.5 为 1961—2010 年玉米各生育阶段作物水分亏缺指数空间分布。由图 7.5a 可以看出，播种—拔节阶段作物水分亏缺指数（CWDI）在 17%～59% 之间，平均为 39%，空间上呈西北—东南向分布，西北部地区作物水分亏缺指数数值高，干旱程度严重；东南部地区水分亏缺程度较小，旱情较轻。黑龙江省西南部、吉林省西部以及辽宁省西南部地区作物水分亏缺指数均在 50% 以上，属中旱区；黑龙江省中南部、宝清和佳木斯地区、吉林省中部地区以及辽宁省

中西部和中部地区作物水分亏缺指数在35%～50%之间,属轻旱区;其余地区作物水分亏缺指数在35%以下,属于无旱区。

由图7.5b可以看出,拔节—抽雄阶段作物水分亏缺指数在17%～56%之间,平均为35%,且呈明显的西高东低的空间分布特征。其中,吉林省的三岔河地区和辽宁省的兴城、熊岳地区作物水分亏缺指数均在50%以上,属中旱区;黑龙江省西南部、宝清和佳木斯地区、吉林省中部和西部地区以及辽宁省中部和西部地区作物水分亏缺指数在35%～50%之间,属轻旱区;其余地区作物水分亏缺指数在35%以下,属于无旱区。

由图7.5c可见,抽雄—成熟阶段作物水分亏缺指数在17%～51%之间,平均为32%,也呈西高东低的空间分布特征。其中,吉林省三岔河地区作物水分亏缺指数在50%以上,属中旱区;黑龙江省西部和宝清地区、吉林省西北部以及辽宁省西部地区作物水分亏缺指数较低,在35%～50%之间,属轻旱区;其余地区作物水分亏缺指数在35%以下,属于无旱区。

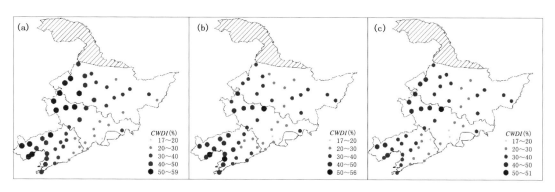

图7.5 1961—2010年东北三省玉米各生育阶段作物水分亏缺指数分布
(a)播种—拔节阶段;(b)拔节—抽雄阶段;(c)抽雄—成熟阶段

(2)各生育阶段干旱发生频率空间分布

依据第2章2.4.3节干旱频率计算方法,分别计算玉米各生育阶段不同等级干旱发生频率。播种—拔节阶段不同等级干旱发生频率空间分布如图7.6所示。图7.6a为播种—拔节阶段干旱(指轻旱及轻旱以上干旱,下同)频率的空间分布,研究区域内57个站点干旱频率在1%～94%之间,平均为51%。其中,吉林省乾安干旱频率最高(94%),几乎每年都有干旱发生;吉林省东岗干旱频率最低,仅为1%,基本不发生干旱;72%的站点干旱频率超过33.3%(三年一遇),33%的站点干旱频率超过66.7%(三年两遇)。

图7.6b为播种—拔节阶段轻旱发生频率空间分布。由图可见,轻旱发生频率在黑龙江省西南部和吉林省北部较低,全区57个站点轻旱发生频率在1%～48%,平均为25%。比较而言,黑龙江省哈尔滨干旱频率最高(48%),平均每两年发生一次轻旱;干旱频率最低站点吉林省东岗为1%,基本不发生轻旱,31%的站点干旱频率超过33.3%(三年一遇)。

图7.6c为播种—拔节阶段中旱发生频率空间分布。从图中可看出,中旱发生频率呈西高东低分布,全区54个站点中旱发生频率在1%～56%,平均为21%。研究区域内,辽宁省朝阳干旱频率最高(56%),干旱频率最低的站点为黑龙江省北安、辽宁省桓仁和开原(1%),基本不发生中旱,33%的站点干旱频率超过33.3%(三年一遇)。

图7.6d和7.6e为播种—拔节阶段重旱和特旱发生频率空间分布。由图可见,该阶段全

区 38 个站点重旱发生频率在 1%～32%,平均为 10%;9 个站点特旱发生频率在 2%～8%,平均为 4%。

综上分析,玉米播种—拔节阶段随着旱级加重,发生频率总体呈下降趋势,但在吉林省西部地区个别站点发生中旱和重旱的频率较高,这也说明播种—拔节阶段该地区易发生严重干旱。

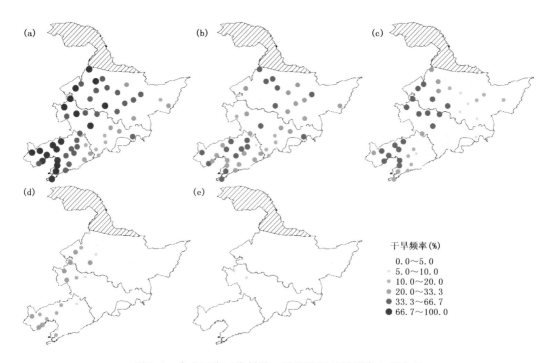

干旱频率(%)
0.0～5.0
5.0～10.0
10.0～20.0
20.0～33.3
33.3～66.7
66.7～100.0

图 7.6　东北三省玉米播种—拔节阶段干旱频率空间分布
(a)干旱;(b)轻旱;(c)中旱;(d)重旱;(e)特旱

拔节—抽雄阶段不同等级干旱发生频率空间分布如图 7.7 所示。图 7.7a 为拔节—抽雄阶段干旱频率的空间分布。从图可看出,该生育阶段干旱频率总体低于玉米生育前期播种—拔节阶段,全区 57 个站点干旱发生频率在 3%～78%,平均为 40%。研究区域内辽宁省大连和营口干旱频率最高(78%);干旱频率最低站点吉林省东岗为 3%,基本不发生干旱。60% 的站点干旱频率超过 33.3%(三年一遇),10% 的站点干旱频率超过 66.7%(三年两遇)。

图 7.7b 为拔节—抽雄阶段轻旱发生频率空间分布。从图可看出,研究区域 57 个站点轻旱发生频率在 1%～44%,平均为 22%。辽宁省锦州地区干旱频率最高,为 44%,相当于每两年一遇;干旱频率最低站点吉林省东岗和靖宇为 1%,基本不发生轻旱;22% 的站点干旱频率超过 33.3%(三年一遇)。

图 7.7c 为拔节—抽雄阶段中旱发生频率空间分布。全区 57 个站点该阶段中旱发生频率在 1%～34%,平均为 12%,19% 站点干旱频率超过 20%(五年一遇)。辽宁省大连和营口干旱频率最高为 34%,约每 3 年发生 1 次中旱,干旱发生频率最低的为黑龙江省北安和牡丹江、吉林省四平和桦甸以及辽宁省开原,为 1%,基本不发生中旱。

图 7.7d 和 7.7e 为拔节—抽雄阶段重旱和特旱发生频率空间分布。从图中可以看出,该

阶段全区 44 个站点重旱发生频率在 1%～22%,平均为 7%;19 个站点特旱发生频率在 2%～4%,平均为 2%。

　　综上,与播种—拔节阶段相比,拔节—抽雄阶段各等级干旱发生的范围明显扩大,但各站点干旱的发生频率减小。

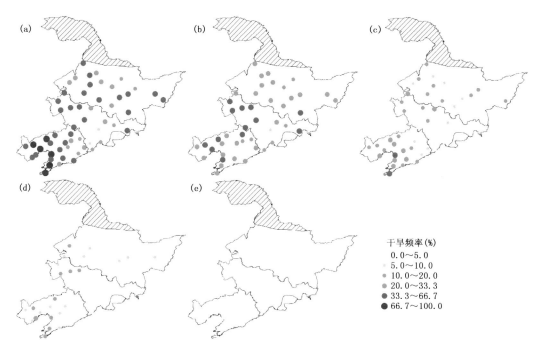

图 7.7　东北三省玉米拔节—抽雄阶段干旱频率空间分布
(a)干旱;(b)轻旱;(c)中旱;(d)重旱;(e)特旱

　　抽雄—成熟阶段不同等级干旱发生频率空间分布如图 7.8 所示。图 7.8a 为抽雄—成熟阶段干旱频率空间分布。从图可看出,该阶段干旱频率低于播种—拔节阶段,全区干旱频率在 2%～80%,平均为 33%。吉林省前郭尔罗斯和乾安干旱频率最高,为 80%(五年四遇);干旱频率最低的站点吉林省临江为 2%,基本不发生干旱;52% 的站点干旱频率超过 33.3%(三年一遇),9% 的站点干旱频率超过 66.7%(三年两遇)。

　　图 7.8b 为抽雄—成熟阶段轻旱发生频率空间分布。从图可看出,该阶段全区轻旱发生频率在 2%～52%,平均为 22%;吉林省前郭尔罗斯干旱频率最高,为 52%(两年一遇);干旱频率最低的站点在吉林省临江、辽宁省鞍山和瓦房店,为 2%,基本不发生轻旱;24% 的站点干旱频率超过 33.3%(三年一遇)。

　　图 7.8c 为抽雄—成熟阶段中旱发生频率空间分布。从中图可看出,该阶段全区中旱发生频率在 1%～34%,平均为 12%。辽宁省大连和营口干旱频率最高(34%),约每 3 年发生一次中旱,干旱频率最低站点是黑龙江省北安和牡丹江、吉林省四平和桦甸、辽宁省开原,为 1%,基本不发生中旱。20% 的站点干旱频率超过 20%(五年一遇)。

　　图 7.8d 和图 7.8e 为抽雄—成熟阶段重旱和特旱发生频率空间分布。由图可见,该阶段全区 23 个站点玉米重旱发生频率在 2%～22%,平均为 6%。2 个站点特旱发生频率在 4%～

6%,平均为5%。

以上分析表明,抽雄—成熟阶段各等级干旱发生的范围小于前两个阶段,除特旱外其他等级干旱发生频率都低于玉米生育前期和中期。

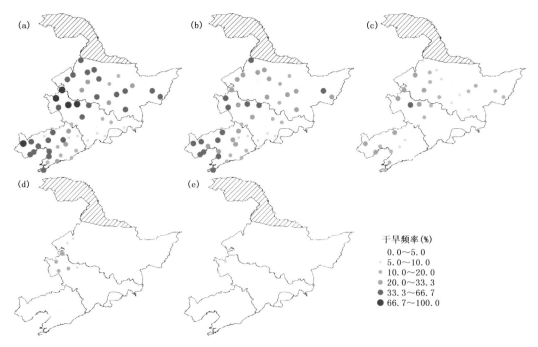

图7.8 东北三省玉米抽雄—成熟阶段干旱频率空间分布
(a)干旱;(b)轻旱;(c)中旱;(d)重旱;(e)特旱

综合以上不同生育阶段各等级干旱发生频率空间分析可知,东北三省玉米播种—拔节阶段发生干旱频率最高,拔节—抽雄阶段次之,抽雄—成熟阶段最低,说明玉米生育前期春旱发生较频繁。各生育阶段干旱发生频率空间分布特征基本相似,均呈由西北向东南逐渐减低趋势。各等级干旱发生频率随着干旱等级加重呈下降趋势,从轻旱25%的发生概率降低到特旱2%的发生概率。拔节—抽雄阶段发生特旱的频率虽然较低,但发生的范围较广,因此实际生产中要注意大范围特旱过程的发生。

7.3 干旱对玉米产量影响

7.3.1 降水分区

东北三省玉米以雨养为主,生长季内降水多少直接影响玉米产量。由于研究区域降水量空间差异较大,为了细致分析干旱对玉米产量影响程度,本节依据玉米生长季内降水量将东北三省分为4个区域,分区标准和范围如表7.3所示。

表 7.3 东北三省降水分区

区号	降水量(mm)	区域范围	站点
I	$P \leqslant 400$	黑龙江省西部、吉林省西部	10 个台站
II	$400 < P \leqslant 500$	黑龙江省中部和东部、吉林省中部和东北部、辽宁省西北部	21 个台站
III	$500 < P \leqslant 600$	吉林省中部、辽宁省中部	15 个台站
IV	$P > 600$	吉林省南部、辽宁省东部	11 个站点

7.3.2 干旱对玉米产量影响空间分布

利用调参验证后的 APSIM-Maize 模型模拟干旱对玉米产量的影响。模型使用的灌溉情景是"Irrigate on sw deficit",即在某生育阶段内基于土壤水分亏缺进行自动灌溉。分析某一生育阶段干旱即设定该生育阶段不灌溉,另外两个生育阶段自动灌溉以满足作物水分需求,进而剥离该阶段发生干旱对玉米产量的影响程度,全生育期干旱即为各生育阶段均不灌溉。灌溉情景设置如表 7.4 所示。

表 7.4 APSIM-Maize 模型模拟不同生育阶段干旱的灌溉情景设置

灌溉阶段	干旱模拟阶段			
	播种—拔节	拔节—抽雄	抽雄—成熟	全生育期
播种—拔节	×	√	√	×
拔节—抽雄	√	×	√	×
抽雄—成熟	√	√	×	×

注:"×"表示该生育阶段不灌溉,"√"表示该生育阶段灌溉。

依据干旱情景设置,可以模拟某地给定品种全生育期无水肥限制下的产量,即潜在产量;某地给定品种、肥料不加限制、全生育期(或某生育阶段)为雨养条件下得到的产量,即水分亏缺条件下产量,通过计算水分亏缺产量偏离潜在产量的百分比得到干旱造成的减产率。

对研究区域内 57 个气象站点 1961—2010 年干旱减产率进行统计,得到干旱对玉米产量影响的空间分布,如图 7.9 所示。由图可看出,玉米全生育期干旱条件下减产率呈西高东低的分布,吉林省西部地区减产率最高,部分地区高达 50% 以上;辽宁省东部地区减产率最低,在 10% 以下。不同生育阶段干旱对玉米产量影响程度不同,播种—拔节阶段干旱对产量影响较小,减产率低于 10%,除黑龙江省个别站点外大部分站点减产率均在 5% 以下;拔节—抽雄阶段干旱减产率的高值区在吉林省,减产率最高的站点为吉林省通榆,达到 23.3%,低值区为黑龙江省大部以及辽宁省大部,减产率均低于 5%;抽雄—成熟阶段干旱减产率的高值区在吉林省西部地区,减产率最高的站点为吉林省白城,达到 16.5%,其他大部地区干旱造成玉米的减产率均在 5% 以下。

统计播种—拔节、拔节—抽雄和抽雄—成熟 3 个生育阶段各减产区间站点比例,分析不同生育阶段干旱减产范围,如表 7.5 所示。由表可以看出,各减产区间内的站点比例随着减产率区间数值的增大呈下降趋势,表明干旱造成玉米产量损失程度在空间尺度上随着减产程度的增大呈缩小趋势。播种—拔节阶段减产率 0~5% 区间内集中了全区 87.9% 的站点,而抽雄—成熟和拔节—抽雄阶段减产率 0~5% 区间内分别集中了 86.2% 和 65.5% 的站点,这说明拔

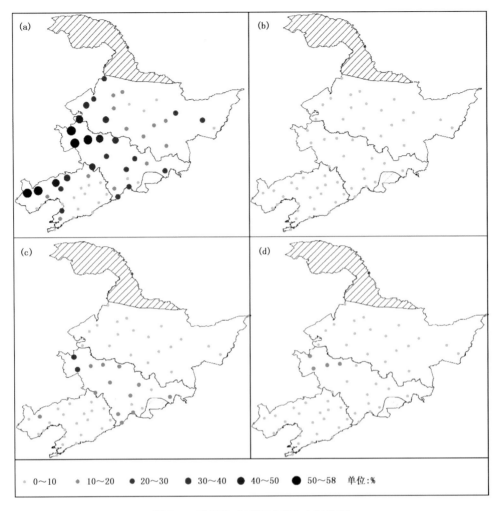

图 7.9　干旱造成玉米减产的空间分布

（a）全生育期干旱；（b）播种—拔节阶段干旱；（c）拔节—抽雄阶段干旱；（d）抽雄—成熟阶段干旱

节—抽雄阶段干旱对产量影响程度要明显高于抽雄—成熟和播种—拔节阶段干旱，且抽雄—成熟阶段因干旱减产程度要高于播种—拔节阶段。这主要是因为干旱发生在营养生长阶段，当玉米生育后期保障水分供应条件下，作物有恢复或弥补水分胁迫影响能力，对产量影响较小；但拔节—抽雄阶段为玉米水分敏感期，该时期干旱对产量影响极大。

表 7.5　东北三省各生育阶段干旱造成玉米减产率不同区间站次比（%）

减产率（%）	播种—拔节阶段	拔节—抽雄阶段	抽雄—成熟阶段
0~5	87.9	65.5	86.2
5~10	12.1	10.4	6.9
10~15	—	13.8	5.2
15~20	—	6.9	1.7
20~25	—	3.4	—
合计	100.0	100.0	100.0

注："—"表示该区间无数据。

7.3.3　各生育阶段干旱对产量影响

（1）不同生育阶段干旱影响

统计东北三省玉米不同生育阶段干旱减产率,得到全区不同生育阶段干旱减产率四分位图,如图 7.10 所示。可以看出,玉米生育前期干旱对产量影响最小,多年平均值仅为 1.6%;生育中期发生干旱对产量影响最大,减产率多年平均值达到 8.4%;生育后期干旱减产率为7.2%,造成的影响介于前期和中期干旱影响程度之间。另外,生育中期干旱不仅造成玉米减产率高,且年际间波动大;生育前期因旱损失小,且年际波动小。说明玉米拔节—抽雄阶段发生干旱不仅对产量的影响大,且因旱损失程度年际间差异很大,在生产中要特别关注。

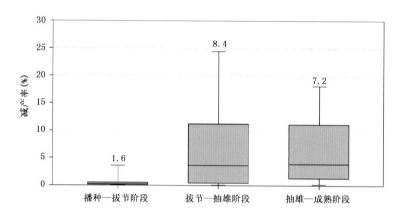

图 7.10　东北三省玉米各生育阶段干旱减产率(多年平均值)

（2）不同降水区干旱影响

东北三省玉米生长发育状况与生育期内降水量密切相关。本节细致分析不同降水区各生育阶段干旱减产率,如图 7.11 所示。各生育阶段干旱减产率在 4 个降水区与整个研究区域总体表现一致,即生育中期因旱减产程度最高,生育前期因旱减产最低,生育后期因旱减产介于二者之间。同一发育阶段因旱减产在 4 个降水区差异较大,播种—拔节阶段干旱减产率在 Ⅰ区最高,Ⅱ区次之,Ⅲ区和Ⅳ区最低;拔节—抽雄和抽雄—成熟阶段,干旱减产率随生育期内降水量从不足 400 mm 到超过 600 mm 呈先下降后上升的变化趋势,生育中期干旱减产率在Ⅲ

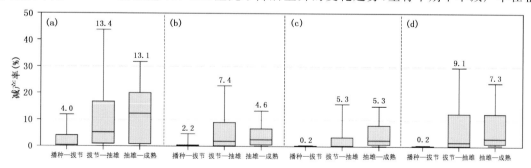

图 7.11　东北三省不同降水区各生育阶段玉米干旱减产率(多年平均值)

(a)Ⅰ区;(b)Ⅱ区;(c)Ⅲ区;(d)Ⅳ区

区达到最低值,为 5.3%,生育后期在 Ⅱ 区达到最低值,为 4.6%,这主要是因为在计算作物水分亏缺指数时,没有考虑水分盈余的情况,即水分盈余情况下作物水分亏缺指数为 0。实际生产中,作物在土壤水分过多条件下,反而会减产,降水充沛的地区,玉米减产率反而要高于某些降水不足的地区。

(3)全生育期干旱减产率与各生育阶段减产率累计值比较

玉米各生育阶段干旱对产量具有怎样的综合影响呢?为回答这一问题,本节比较玉米全生育期干旱对产量的影响程度和 3 个生育阶段干旱累加影响程度,结果如图 7.12 所示。由图可以看出,4 个降水区域玉米 3 个生育阶段干旱减产率累计值在 6.9%~20.4% 之间,明显低于整个生长季干旱对产量的影响。二者的差异从 Ⅰ 区到 Ⅳ 区逐渐降低,Ⅰ 区差异最大,干旱减产率低了 23.0 个百分点,Ⅳ 区差异最小,低了 0.9 个百分点。这也说明,玉米全生育期不灌溉条件下的产量损失要高于各生育阶段不灌溉造成产量损失的累计值,玉米生长季内降水量的多少直接决定了二者的差距。对于玉米生长季内降水量小于 400 mm 的地区要特别关注玉米全生育期内的持续干旱对玉米产量的影响。

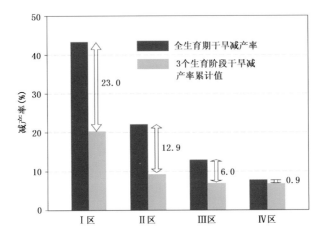

图 7.12 玉米生长季干旱减产率与各生育阶段减产率累计值

7.3.4 不同等级干旱对产量影响

为明确不同等级干旱对玉米产量影响程度,利用订正后的农业干旱等级指标——作物水分亏缺指数($CWDI$)计算各研究站点逐年玉米各生育阶段发生干旱的等级,再结合 APSIM-Maize 模型模拟的每年发生该等级干旱较水分充足条件下造成的玉米减产率,通过统计各等级干旱减产率的多年平均值确定主要生育阶段各等级干旱对玉米产量的影响程度。上节玉米各生育阶段干旱减产率研究结果表明,播种—拔节阶段因旱减产较低,全区干旱减产率多年平均值仅为 1.6%。在此仅分析玉米生育中期和后期干旱,即拔节—抽雄和抽雄—成熟阶段不同等级干旱对玉米产量的影响。

(1)不同等级干旱影响

东北三省玉米拔节—抽雄及抽雄—成熟阶段不同等级干旱减产率如图 7.13 所示。由图可见,各等级干旱造成的减产率年际之间波动较大,并随着旱级加重年际波动亦呈增加趋势。玉米生育中期和后期,随着干旱等级由轻旱到重旱,因旱减产程度呈增加趋势,中期和后期发生重旱年平均减产率分别为 11.6％ 和 10.1％,而轻旱年平均减产率分别为 7.0％ 和 5.9％。两个生育阶段发生特旱减产率均低于重旱,这主要是因为东北三省近 50 年特旱的年份较少,且特旱减产率年际间变化较大,在统计过程中因为个别年份的偏差导致灾损计算值偏低。此外计算各生育阶段作物水分亏缺指数时,由各旬作物水分亏缺指数加权计算而得,旬内没有考虑水分盈余的情况,在计算生育阶段水分亏缺时,人为增加了水分亏缺的程度,并且这种差距随着作物水分亏缺指数的增大逐渐加大。这也导致了特旱减产率较重旱偏低。

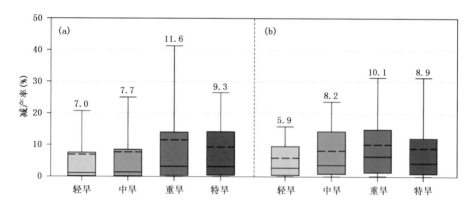

图 7.13　拔节—抽雄(a)和抽雄—成熟(b)阶段不同等级干旱减产率(多年平均值)

(2)拔节—抽雄阶段干旱影响

各降水区拔节—抽雄阶段 3 个等级干旱造成减产率如图 7.14 所示,考虑到研究区域内发生特旱的年份较少,因此将重旱和特旱合并分析。从干旱减产率的四分位图来看,各降水区玉米干旱减产率随着旱级加重增大,特别是Ⅰ、Ⅱ和Ⅳ区减产率随着干旱程度加重变化明显。Ⅰ区发生重旱以上干旱减产最大,多年平均值达到 16.5％;在Ⅲ区发生中旱减产最小,多年平均值为 4.1％。各降水区不同等级干旱造成玉米减产率年代际变化较为剧烈,特别是Ⅲ区轻旱的减产率要高于中旱和重特旱。

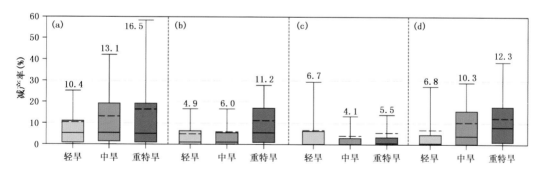

图 7.14　东北三省各降水区拔节—抽雄阶段不同等级干旱减产率(多年平均值)

(a)Ⅰ区;(b)Ⅱ区;(c)Ⅲ区;(d)Ⅳ区

(3)抽雄—成熟阶段干旱影响

东北三省各降水区抽雄—成熟阶段干旱减产率如图 7.15 所示。由图可以看出,各降水区玉米因旱造成的减产率随着旱级的加重增大,Ⅰ区减产率随着干旱程度加重变化最为明显,且

3个等级干旱减产率均大于其他区域,重旱和特旱减产率最大,高达 20.2%;Ⅱ区和Ⅲ区不同等级干旱造成减产率的差异较小,3个等级干旱减产率多年平均值均在 7% 以下;Ⅳ区中旱减产率年代间较为离散,说明该区域中旱影响年代间波动较大。

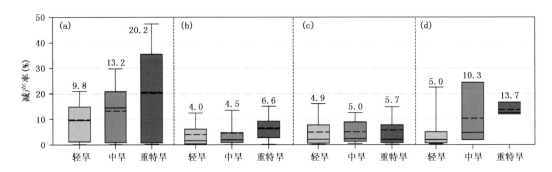

图 7.15 东北三省各降水区抽雄—成熟阶段不同等级干旱减产率(多年平均值)

(a)Ⅰ区;(b)Ⅱ区;(c)Ⅲ区;(d)Ⅳ区

东北三省干旱造成玉米减产率呈由西向东下降趋势,总体而言,玉米拔节—抽雄阶段发生干旱对产量影响高于播种—拔节和抽雄—成熟阶段干旱影响,并且拔节—抽雄阶段减产率中间 50% 数据的离散程度要高于抽雄—成熟阶段。3个等级干旱对产量的影响以重旱特旱最为严重。由于玉米生长季内降水量不同,导致了干旱减产程度在各降水区存在差异,比较而言,处在Ⅰ区的黑龙江省西部、吉林省西部,拔节—抽雄和抽雄—成熟阶段 3个等级干旱减产明显高于其他区域。

7.4 玉米生长季冷害特征

气候变暖背景下,东北三省热量资源增加,但因极端天气气候事件不确定性增加,冷害对玉米出苗、生长和发育以及产量的影响仍是生产中需要考虑的问题。本节利用东北三省玉米潜在种植区内气象站点 1961—2010 年逐日气象数据,以 5—9 月逐月平均气温之和与其多年平均值的距平作为玉米冷害等级判断指标,基于每月逐日平均气温与其多年平均值的距平值,明确了玉米生长时段内低温事件发生风险较大的月份,并分析东北三省玉米生育期冷害发生概率的空间分布和年代际演变特征(张梦婷等,2016)。

7.4.1 玉米冷害指标验证

第 2 章 2.4.2 节给出玉米延迟型冷害划分指标及计算方法,为了说明该指标是否适用于东北三省玉米冷害研究,我们选取了黑龙江省哈尔滨站、吉林省白城站和辽宁省本溪站为典型站点,利用《中国气象灾害大典·黑龙江卷》《中国气象灾害大典·吉林卷》《中国气象灾害大典·辽宁卷》灾情资料(孙永罡,2007;秦元明,2007;李波等,2007),比较验证了基于该指标计算的冷害发生情况与实际发生(《中国气象灾害大典》中记载灾情资料)的一致性。由于实际灾情资料的限制,某年缺少记录或该年记录中未提及相应区域的情况,均视为无记录处理。文献灾情资料以县为单位,因此在验证时,若记录显示该站点辖区内发生冷害,则也作为符合情况处理。另外,《中国气象灾害大典·吉林卷》中 1980 年前仅记录了水稻的冷害,故 1980 年以前年份均做无记录处理(张梦婷等,2016)。

表 7.6 为根据《中国气象灾害大典·黑龙江卷》、《中国气象灾害大典·吉林卷》、《中国气象灾害大典·辽宁卷》中记录的冷害与基于冷害指标计算的冷害匹配情况。由表可知,黑龙江省哈尔滨站符合实际情况的年份占全部有记录年份的 58%,吉林省白城站为 62.5%,辽宁省本溪站为 59%。可见,该指标可以用于东北三省玉米冷害研究。

表 7.6 哈尔滨、白城和本溪站实际冷害统计

年份	哈尔滨站实际冷害情况	匹配结果	年份	本溪站实际冷害情况	匹配结果
1962 年	6 月初出现霜冻	×	1966 年	生长季积温减少	×
1964 年	夏季全省罕见低温冷害	√	1969 年	5—6 月全省低温	√
1965 年	出现早霜	√	1972 年	5、8 月全省降温	√
1969 年	夏季全省低温	√	1974 年	5 月上旬,6 月下旬温度下降明显	√
1971 年	全省农区 7—8 月低温	√	1975 年	5 月低温霜冻害	√
1972 年	6 月全省显著低温,夏季低温冷害严重	√	1976 年	全省多数作物遭受冷害,属严重低温年	√
1974 年	5 月 23 日,发生霜冻	√	1979 年	7 月中旬出现低温寡照	√
1976 年	6、8 月全省低温	√	1980 年	9 月辽东地区降温	√
1978 年	5 月低温,苗受灾	×	1981 年	5 月上中旬阴雨寡照,8 月出现低温	√
1979 年	9 月全省遭强冷空气侵袭	×	1984 年	5 月低温	√
1981 年	6 月下旬至 7 月上旬,8 月全省农区出现较重低温	√	1985 年	4—9 月低温寡照	×
1985 年	5 月霜冻严重	×	1986 年	5 月温度骤降,影响作物产量	√
1986 年	5 月严重低温	×	1987 年	5 月温度低,对作物产生影响	√
1987 年	5、6 月低温霜冻	√	1992 年	6、8 月温度偏低,受灾严重	√
1990 年	出现 1937 年以来同期最低温	×	1994 年	5 月出现霜冻	√
1992 年	6 月上旬、8 月中上旬全省普遍低温	√	1995 年	5、7、9 月气温持续偏低,低温灾害严重	√
1993 年	6 月至 7 月上旬全省低温寡照	√	1996 年	8 月气温明显下降,受低温灾害	√
1995 年	5 月至 6 月下旬,出现阶段性低温	×			
1999 年	9 月降霜影响产量	×			

年份	白城站实际冷害情况	匹配结果	年份	白城站实际冷害情况	匹配结果
1983 年	6—7 月全省出现低温冷害	√	1991 年	6 月下旬温度特低	×
1986 年	7—8 月温度偏低	√	1992 年	6 月持续低温	√
1987 年	5 月均温比历年低 1.7℃,低温严重	√	1995 年	7 月全省出现阶段性低温	√
1989 年	6 月中旬至 7 月、9 月温度持续偏低	√	1999 年	全省大部分地区出现低温连阴雨	×

注:√代表结果匹配,×为不匹配。

7.4.2 玉米延迟型冷害时间演变趋势

根据验证后玉米延迟型冷害指标,计算 1961—2010 年东北三省各站点轻度、中度和重度冷害特征,计算各省满足各等级冷害的站点数占全省总站点数的比例,分析过去 50 年东北三省全区及各省各等级冷害站次比演变趋势,如图 7.16 所示。

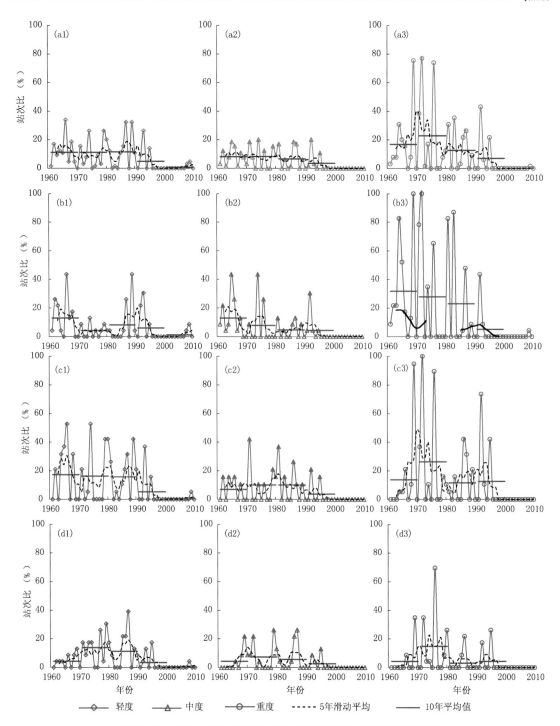

图 7.16　1961—2010 年东北三省玉米各等级冷害年际演变趋势

（图中 a、b、c、d 分别代表东北三省、黑龙江省、吉林省和辽宁省，1、2、3 分别代表轻度、中度和重度等级冷害）

　　由图 7.16 可见，1961—2010 年东北三省玉米轻度、中度和重度冷害站次比分别在 0～33.8％、0～20.0％和 0～76.9％，发生范围为重度＞轻度＞中度。各等级冷害站次比均呈减少趋势,轻度冷害站次比由 20 世纪 60 年代的 11.23% 降至 21 世纪初的 0.8%;中度冷害站次比由 60 年代的 8% 降至 21 世纪初的 0;重度冷害站次比由 60 年代的 16.7% 降至 21 世纪初的 0.2%。过去 50 年黑龙江省玉米轻度、中度和重度冷害站次比分别在 0~43.5%、0~43.5% 和 0~100%,且各等级冷害站次比亦呈现减少趋势。过去 50 年吉林省玉米轻度、中度和重度冷害站次比分别在 0~52.6%、0~42.1% 和 0~100%,轻度冷害站次比呈减少趋势,中度和重度冷害站次比在 20 世纪 70 年代有所增加,自 80 年代起呈减少趋势。辽宁省玉米轻度、中度和重度冷害站次比分别在 0~39.1%、0~26.1 和 0~69.6%,其中各等级冷害站次比在 70 年代有明显增加,而 20 世纪 90 年代和 21 世纪初明显减少。

　　综上分析可以得出,过去 50 年东北三省玉米冷害发生频率整体呈降低趋势,地区之间存在明显差异。由于东北地区极端低温事件波动性导致冷害发生不确定性增加(严晓瑜等,2012),故低温冷害仍是东北三省玉米生产中应关注的主要灾害。在气候变化背景下,应结合冷害发生的新特征做好灾害预警以及应急和灾后补救预案,在冷害高发的黑龙江省北部、东部以及吉林省的东部地区,选择生育期适宜且耐低温抗逆性品种,并根据灾害预警,通过田间调控措施防灾减灾,减小冷害对玉米产量的影响(马树庆,1996;马树庆等,2009;李少昆等,2011;王玉莹等,2012)。

7.4.3　玉米延迟型冷害空间分布特征

　　图 7.17a 为 1961—2010 年东北三省玉米轻度冷害发生频率的空间分布图。由图可见,研究区域内轻度冷害发生频率最高值为吉林省长岭站,达 22%;在黑龙江省东部的虎林、宝清、

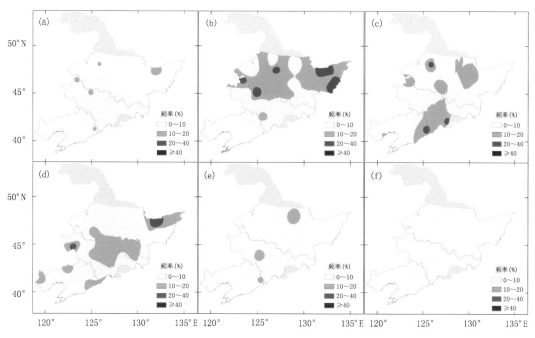

图 7.17　东北三省各年代玉米轻度冷害发生频率空间分布
(a)1961—2010 年;(b)1961—1970 年;(c)1971—1980 年;
(d)1981—1990 年;(e)1991—2000 年;(f)2001—2010 年

富锦和佳木斯一带,吉林省中部桦甸、梅河口、桓仁周边以及辽宁省南部大连等地,近50年轻度冷害发生频率为10%~20%;黑龙江省中西部、吉林省东部以及辽宁省大部分地区轻度冷害发生频率低于10%,其中海伦、朝阳、黑山等9个站点近50年来未发生轻度冷害。图7.17b—f分别为各年代玉米轻度冷害发生频率的空间分布。由图可见,20世纪60年代轻度冷害发生频率总体呈北高南低的空间分布特征,其高值区集中在黑龙江省东部佳木斯和宝清、吉林省西部的长岭和乾安以及辽宁省南部大连等地,轻度冷害发生频率大于40%,最大值在乾安站,为50%;其次为黑龙江省西南部地区及吉林省中部地区,玉米冷害发生频率为20%~40%;低值区主要集中在黑龙江省中部、吉林省东部和辽宁省大部分地区,轻度冷害发生频率低于10%,其中28个站点在这10年未发生轻度冷害。70年代,研究区域轻度冷害高发区位于吉林省中西部和辽宁省北部地区,发生频率为20%~40%;在黑龙江省中东部、吉林省东部及辽宁省西南部部分地区轻度冷害发生频率较低,均低于10%。80年代轻度冷害主要发生在黑龙江省东北部和吉林省中西部地区。90年代研究区域玉米轻度冷害发生频率较前几个年代明显减小,嫩江、虎林、桦甸和彰武4个站点轻度冷害发生频率为20%,36个站点未发生轻度冷害。21世纪前10年,整个研究区域玉米轻度冷害发生频率均低于10%,且其中60个站点未发生轻度冷害。可见,研究区域玉米轻度冷害的高发区在吉林省西部地区,低发区在辽宁省南部地区。

图7.18a为1961—2010年玉米中度冷害发生频率的空间分布图。由图可见,研究区内50年来玉米中度冷害发生频率较小,仅4个站点发生频率高于10%,分别为克山、泰来、前郭尔罗斯和桓仁。图7.18b—f分别为各年代玉米中度冷害发生频率的空间分布。由图可见,20

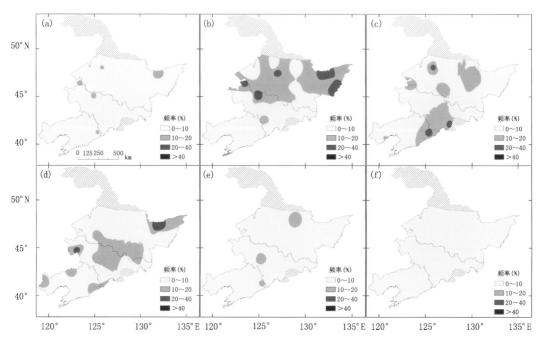

图7.18 东北三省各年代玉米中度冷害发生频率空间分布
(a)1961—2010年;(b)1961—1970年;(c)1971—1980年;
(d)1981—1990年;(e)1991—2000年;(f)2001—2010年

世纪 60 年代,玉米中度冷害主要发生在黑龙江省以及吉林省北部的前郭尔罗斯等地区,最大值出现在前郭尔罗斯,为 40％。70 年代,玉米中度冷害主要发生在克山、东岗和桓仁,发生频率达 30％。80 年代,玉米中度冷害高值区分布在黑龙江东北部、南部地区和吉林省北部地区,发生频率为 10％～20％。90 年代,玉米中度冷害发生频率普遍较低,在伊春、长春和桓仁发生频率达 20％,其中有 45 个站点未发生中度冷害。进入 21 世纪后,研究区域 10 年内未发生玉米中度冷害。可见,玉米中度冷害整体而言发生频率较小,分布范围不广,主要发生在黑龙江和吉林地区,辽宁省发生较少。

图 7.19a 为 1961—2010 年东北三省玉米重度冷害发生频率的空间分布。由图可见,研究区内玉米重度冷害频率分布总体呈东北向西南递减的特征。黑龙江省北部的北安、东南部的绥芬河以及吉林省东部敦化地区为高值区,近 50 年玉米重度冷害发生频率高于 25％;黑龙江省中东部以及吉林省中北部地区为次高值区,玉米重度冷害发生频率高于 10％;低值区主要集中在辽宁省中西部的朝阳、锦州、营口和熊岳等地,玉米重度冷害发生频率低于 5％。图 7.19b—f 分别为各年代玉米重度冷害发生频率的空间分布,由图可见,20 世纪 60 年代,玉米重度冷害发生频率总体呈东北向西南递减的空间分布特征,高值区主要分布在黑龙江省北部的嫩江、东部的绥芬河以及吉林省东部的延吉地区,玉米重度冷害发生频率为 50％;其次在黑龙江省东部和吉林省中部地区,玉米重度冷害发生频率为 20％～40％;低值区主要集中在吉林省西部及辽宁省地区,玉米重度冷害发生频率低于 10％,其中有 14 个站点在 60 年代的 10年未发生重度冷害。70 年代,高值区在吉林省东部敦化、东岗地区,玉米重度冷害发生频率高于 40％;其次在黑龙江大部分地区和吉林中东部地区,玉米重度冷害发生频率高于 20％;低值

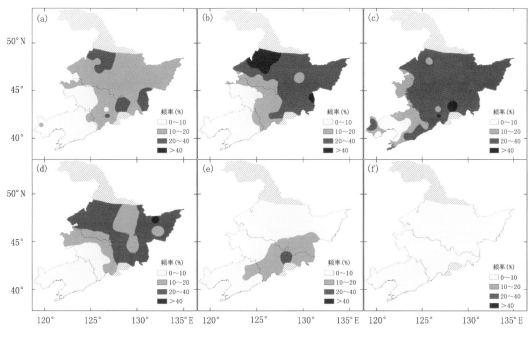

图 7.19　东北三省各年代玉米重度冷害发生频率空间分布
(a)1961—2010 年;(b)1961—1970 年;(c)1971—1980 年;
(d)1981—1990 年;(e)1991—2000 年;(f)2001—2010 年

区主要分布在辽宁省中西部地区。80 年代,高值区分布在黑龙江省西北部、东部地区和吉林省东部地区,玉米重度冷害发生频率高于 20%;其次在黑龙江省中部、吉林省北部地区,玉米重度冷害发生频率在 10%~20%;低值区主要集中在吉林省南部地区及辽宁省全省,玉米重度冷害发生频率低于 10%。90 年代,玉米重度冷害发生频率普遍较低,高值区在研究区域东南部地区,发生频率高于 10%,其中有 35 个站点未发生重度冷害。进入 21 世纪之后,研究区域内玉米重度冷害发生明显减少,10 年内仅哈尔滨站在 2009 年发生过重度冷害。可见,分析期内和各年代玉米重度冷害高发区均在黑龙江北部、东部以及吉林东部地区,低发区在辽宁省西南部地区。

7.5 小结

本章利用东北三省 1961—2010 年气象、土壤、作物以及玉米干旱和冷害灾情资料,订正和验证了农业干旱等级指标以及玉米冷害等级指标在东北三省玉米灾害研究中的适用性。在此基础上,分析了玉米各生育阶段干旱以及不同等级冷害的演变趋势和空间分布特征,同时结合农业生产系统模型(APSIM-Maize)模拟了玉米各生育阶段干旱对产量的影响程度。

参 考 文 献

董朝阳,刘志娟,杨晓光,2015.北方地区不同等级干旱对春玉米产量影响[J].农业工程学报,**31**(11):157-164.

董朝阳,杨晓光,杨婕,等,2013.中国北方地区玉米干旱的时间演变特征和空间分布规律[J].中国农业科学,**46**(20):4234-4245.

董秋婷,李茂松,刘江,等,2011.近 50 年东北地区春玉米干旱的时空演变特征[J].自然灾害学报,**20**(4):52-59.

黄晚华,杨晓光,曲辉辉,等,2009.基于作物水分亏缺指数的春玉米季节性干旱时空特征分析[J].农业工程学报,**25**(8):28-34.

李波,孟庆楠,2007.中国气象灾害大典·辽宁卷[M].北京:气象出版社.

李少昆,王振华,高增贵,等,2011.北方玉米田间种植手册[M].北京:中国农业出版社.**12**,48-54,87.

马树庆,1996.气候变化对东北区粮食产量的影响及其适应性对策研究[J].气象学报,**54**(4):484-492.

马树庆,王春乙,2009.我国农业气象业务的现状问题及发展趋势[J].气象科技,**37**(1):29-34.

秦元明,2007.中国气象灾害大典·吉林卷[M].北京:气象出版社.

孙永罡,2007.中国气象灾害大典·黑龙江卷[M].北京:气象出版社.

王玉莹,张正斌,杨引福,等,2012.2002-2009 年东北早熟玉米生育期及产量变化[J].中国农业科学,**45**(24):4959-4966.

严晓瑜,赵春雨,王颖,2012.近 50 年东北地区极端温度变化趋势[J].干旱区资源与环境,**26**(1):81-87.

张梦婷,刘志娟,杨晓光,等,2016.气候变化背景下中国主要作物农业气象灾害时空分布特征Ⅰ:东北玉米延迟型冷害[J].中国农业气象,**37**(5):599-610.

张淑杰,张玉书,纪瑞鹏,等,2011.东北地区玉米干旱时空特征分析[J].干旱地区农业研究,**29**(1):231-236.

第 8 章　东北三省玉米优势种植分区

　　东北三省为世界三大"黄金玉米带"之一(刘新录,2003),是我国最大的玉米商品粮基地(杨镇等,2007),又是我国受气候变化影响敏感区域(赵俊芳等,2009;刘志娟等,2009;杨晓光等,2011)。随着农业气候资源的变化,玉米的优势种植分布区域亦随之改变(Dessai et al,2007;Benke et al,2010)。明确气候变化背景下东北三省玉米优势种植区域的分布,对区域充分利用气候和耕地资源、合理布局、因地制宜、发挥玉米增产优势和生产潜力应对气候变化有着重要的理论与实践意义。

　　作物产量潜力是指在其他条件都满足时,一定环境条件下作物品种所能够达到的最高产量(Grassini et al,2011;Fischer,2015)。产量潜力可划分为不同层次:光温产量潜力(很多研究中直接定义为"产量潜力")指其他条件满足,当地光温资源决定的玉米产量,由于生产中很难通过农业措施改变当地的光温状况,因此,光温产量潜力一般认为代表这个地区玉米能够达到的产量上限,该层次潜在产量是当地高产实现的重要参考。雨养产量潜力是指其他条件满足,受光温和降水影响的产量,是当地实际气候条件下由自然降水决定的产量上限,由于东北三省玉米以雨养为主,该层次产量潜力对当地无灌溉条件下产量具有实际参考价值。此外,东北三省土壤类型丰富,气候—土壤产量潜力指无灌溉条件下,其他条件都满足,当地实际气候和土壤条件下的最高产量(王静等,2012;Zhao et al,2018)。各级产量潜力分别受光、温、降水和土壤等条件限制,受气候条件影响年际之间存在波动性,因此,过去几十年不同层次产量潜力的高低和波动性反映了当地气候适宜程度。本章以 1981 年为时间节点,将 1961—2010 年划分为 1961—1980 年(时段Ⅰ)和 1981—2010 年(时段Ⅱ)两个时段,通过明确气候变化背景下玉米光温产量潜力、雨养产量潜力和气候—土壤产量潜力的高产性和稳产性特征,综合得到气候变化背景下玉米的光温潜在适宜区、气候适宜区和气候—土壤适宜区分布及其变化特征,定量降水和土壤条件对玉米产量限制程度。

8.1　近 60 年东北三省玉米播种面积和产量变化趋势

　　根据中国种植业信息网资料,统计了 1951 年以来东北三省玉米单产和播种面积,并计算了玉米总产(如图 8.1)。由图可知,近 60 年(1951—2010 年)东北三省玉米总产、总播种面积及单产均呈增加趋势,平均每 10 年分别增加 735 万 t、81.9 万 hm² 和 904 kg/hm²。从年代际角度来看,20 世纪 50、60、70、80、90 年代和 21 世纪头 10 年玉米总产平均值分别为 517 万、642 万、1456 万、2200 万、3422 万和 4204 万 t,特别是后 5 年(2006—2010 年)玉米总产平均值达到 4888 万 t(图 8.1a)。20 世纪 50、60、70、80、90 年代和 21 世纪头 10 年玉米总播种面积平均值分别为 306 万、374 万、506 万、490 万、607 万和 759 万 hm²,特别是后 5 年总播种面积平均值达到 875 万 hm²(图 8.1b)。从 20 世纪 70 年代以来,由于栽培管理措施的提高以及新品种的使用,东北三省玉米单产大幅度增加,平均单产由 1951—1970 年的 1660 kg/hm² 增加到 70 年代的 2570 kg/hm²,增加约 55%;80 和 90 年代玉米单产持续增加,到 21 世纪头 10 年基本稳定在 6340 kg/hm² 以上(图 8.1c)。

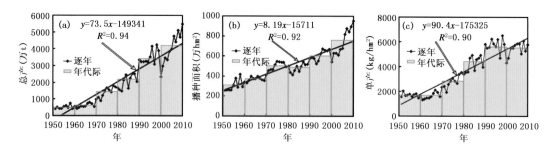

图 8.1 1951—2010 年东北三省玉米总产(a)、播种面积(b)和单产(c)的变化趋势

8.1.1 单产变化

1951—2010 年东北各省玉米单产均呈增加趋势,其中以吉林省玉米单产增加速度最快,每 10 年增加 1155 kg/hm²;辽宁省次之,每 10 年增加 877 kg/hm²;黑龙江省最小,每 10 年增加 684 kg/hm²(图 8.2)。20 世纪 50 和 60 年代辽宁省玉米单产最高(2040 kg/hm²),黑龙江省次之(1660 kg/hm²),吉林省最低(1460 kg/hm²)。但随后的 20 年吉林省玉米单产增加速率明显高于黑龙江和辽宁两省,成为东北玉米单产最高的省份,到 21 世纪头 10 年吉林省玉米平均单产达到 6310 kg/hm²。同时可以看出,随着玉米单产的增加,产量年际之间波动也呈增加趋势。

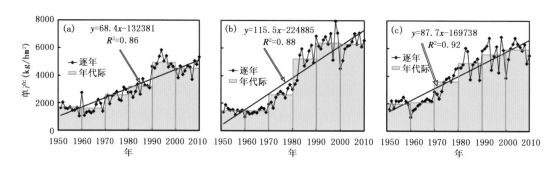

图 8.2 1951—2010 年黑龙江省(a)、吉林省(b)和辽宁省(c)玉米单产变化

8.1.2 播种面积变化

东北各省玉米播种面积由高到低顺序为黑龙江省>吉林省>辽宁省。1951—2010 年东北各省玉米播种面积均表现为增加趋势,其中吉林省玉米播种面积增加速率最大,每 10 年增加 36.6 万 hm²;黑龙江省次之,每 10 年增加 27.9 万 hm²;辽宁省最小,每 10 年增加 17.3 万 hm²(图 8.3)。20 世纪 50、60 和 70 年代黑龙江省玉米播种面积呈增加趋势,80 年代有略微降

低趋势,90 年代玉米播种面积持续增加,到 21 世纪头 10 年达到 300 万 hm²(图 8.3a)。20 世纪 50 年代吉林省玉米播种面积为 88 万 hm²,随后呈现持续增加的趋势,到 21 世纪头 10 年达到 282 万 hm²(图 8.3b)。20 世纪 50 年代辽宁省玉米播种面积为 85 万 hm²,与吉林省同期的玉米播种面积相差不大,但是辽宁省玉米播种面积增加趋势缓慢,到 21 世纪头 10 年仅达到 177 万 hm²(图 8.3c)。

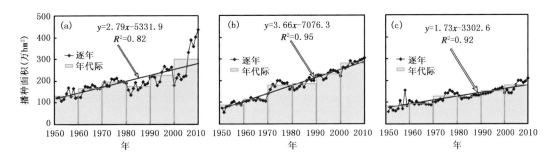

图 8.3　1951—2010 年黑龙江省(a)、吉林省(b)和辽宁省(c)玉米播种面积变化

8.1.3　玉米总产变化

东北各省玉米总产整体表现为吉林省最高,黑龙江省次之,辽宁省最低。各省玉米总产随时间变化趋势与全区平均值一致,均表现为增加趋势。1951—2010 年吉林省玉米总产增加速率最快,每 10 年增加 352 万 t;黑龙江省次之,每 10 年增加 232 万 t;辽宁省最小,每 10 年增加 180 万 t。黑龙江省玉米总产在 20 世纪 50 和 60 年代较低为 250 万 t,70 年代和 80 年代增加到 540 万 t,近 10 年黑龙江省玉米总产增加到 1370 万 t,特别是近 5 年增加趋势更明显,总产达 1800 万 t(图 8.4a)。吉林省 20 世纪 50 和 60 年代玉米总产仅有 150 万 t,自 70 年代以来吉林省玉米总产呈显著增加趋势,70 年代增加到 470 万 t,增加了 210%;随后 30 年玉米总产持续增加,到 21 世纪头 10 年增加到 1780 万 t,与 20 世纪 50 年代相比,增加了 10.8 倍(图 8.4b)。辽宁省 20 世纪 50 和 60 年代玉米总产为 180 万 t,自 70 年代以来该省玉米总产呈显著增加趋势,21 世纪头 10 年增加到 1050 万 t(图 8.4c)。

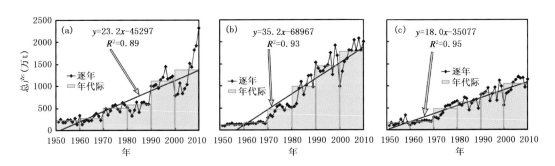

图 8.4　1951—2010 年黑龙江省(a)、吉林省(b)和辽宁省(c)玉米总产变化

8.2 光温潜在条件下玉米优势分区

利用调参验证后的 APSIM-Maize 模型模拟了东北三省玉米光温产量潜力,计算了 1961—2010 年平均值、变异系数和高稳系数,结合第 2 章中高产性、稳产性和适宜性分区方法,得到光温产量潜力高产性、稳产性和适宜性的分区。

8.2.1 玉米光温产量潜力高产性变化

分别计算东北三省各站点 1961—1980 年(时段Ⅰ)和 1981—2010 年(时段Ⅱ)光温产量潜力的平均值,明确 1961—2010 年玉米光温产量潜力高产性的变化特征(见图 8.5 和表 8.1)。从图 8.5 和表 8.1 可以看出,东北三省玉米光温产量潜力辽宁省和吉林省西部最高,且向东逐渐降低,黑龙江省北部和吉林省东部最低。光温潜在条件下,时段Ⅱ较时段Ⅰ中最高产区面积明显减少,由辽宁省西部和吉林省西部地区收缩为零星分布于叶柏寿、阜新、彰武和白城、乾安、前郭尔罗斯等地区,面积减少了 13.72 万 km²,最高产区占研究区域的比例由 24.17% 下降为 3.75%;辽宁省西部和吉林省西部的最高产区变为了高产区,而在黑龙江省西南部高产区由时段Ⅰ的齐齐哈尔、明水、绥化、哈尔滨一线向西北方向收缩,高产区总面积增加了 9.53 万 km²,高产区面积占研究区域面积的比例由 19.16% 增加到 31.45%;次高产区分布于黑龙

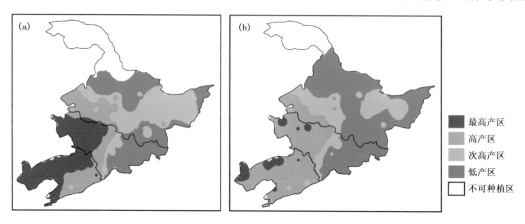

图 8.5 1961—2010 年东北三省玉米光温产量潜力高产性变化
(a)时段Ⅰ;(b)时段Ⅱ

表 8.1 东北三省玉米光温产量潜力高产性面积变化

		最高产区	高产区	次高产区	低产区
时段Ⅰ	面积(万 km²)	16.41	13.01	18.09	20.38
	占研究区域面积比例(%)	24.17	19.16	26.65	30.02
时段Ⅱ	面积(万 km²)	2.69	22.54	27.24	19.20
	占研究区域面积比例(%)	3.75	31.45	38.01	26.79
面积变化	面积(万 km²)	−13.72	+9.53	+9.15	−1.18
	占研究区域面积比例(%)	−20.42	+12.29	+11.36	−3.23

注:"+"表示增加,"−"表示减少。下同。

江省的中部地区,次高产区面积增加了 9.15 万 km²,次高产区占研究区域面积的比例由
26.65% 增加到 38.01%;低产区总体分布于黑龙江省北部和东南部、吉林省东部地区,时段Ⅱ
中黑龙江省东南部地区低产区面积减少,但黑龙江省东部地区低产区变为次高产区,低产区的
总面积减少了 1.18 万 km²,低产区占研究区域面积的比例由 30.02% 减少为 26.79%。

8.2.2　玉米光温产量潜力稳产性的变化

分别计算了东北三省各站点时段Ⅰ和时段Ⅱ中玉米光温产量潜力的变异系数,确定
1961—2010 年玉米光温产量潜力稳产性的变化特征(见图 8.6 和表 8.2),说明了逐年产量对
标准值的偏离程度。由图 8.6 和表 8.2 可以看出,这 50 年玉米光温产量潜力的稳定性总体表
现为自西向东逐渐降低,且辽宁省东南部、吉林省南部和黑龙江省北部最低的分布趋势。光温
潜在条件下,时段Ⅱ较时段Ⅰ中最稳产区减少最为明显,由辽宁省的叶柏寿和朝阳、吉林省西
部和黑龙江省西部地区变为零星分布于黑龙省江西部的齐齐哈尔、泰来和中部的北安、海伦、
绥化地区,面积减少了 18.43 万 km²,最稳产区面积占研究区域面积的比例由 32.27% 下降为
4.85%;玉米光温产量潜力稳产区也明显缩小,由辽宁省西部和东北部、吉林省中部、黑龙江省
中东部收缩至辽宁省西北部朝阳、锦州、阜新、沈阳和黑龙江省鹤岗、富锦、佳木斯、依兰、通河、
尚志以西地区,吉林省无稳产区分布,稳产区总面积减少了 5.26 万 km²,稳产区占研究区域面
积的比例由 36.64% 下降为 27.37%;吉林省中西部、黑龙江省东部地区的最稳产区和稳产区

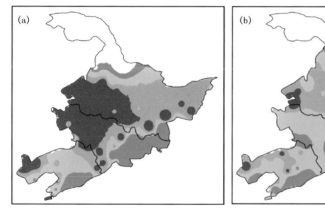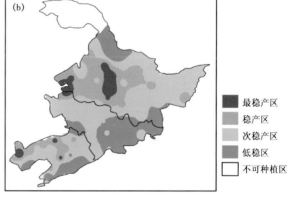

最稳产区
稳产区
次稳产区
低稳产区
不可种植区

图 8.6　1961—2010 年东北三省玉米光温产量潜力稳产性变化
(a)时段Ⅰ;(b)时段Ⅱ

表 8.2　东北三省玉米光温产量潜力稳产性面积变化

		最稳产区	稳产区	次稳产区	低稳产区
时段	面积(万 km²)	21.91	24.88	11.12	9.98
	占研究区域面积比例(%)	32.27	36.64	16.39	14.70
时段	面积(万 km²)	3.48	19.62	33.62	14.96
	占研究区域面积比例(%)	4.85	27.37	46.91	20.87
面积变化	面积(万 km²)	−18.43	−5.26	+22.50	+4.98
	占研究区域面积比例(%)	−27.42	−9.27	+30.52	+6.17

均变为次稳产区,次稳产区的面积增加了 22.50 万 km²,次稳产区占研究区域面积的比例由 16.39%增加为 46.91%;低稳产区则总体分布于辽宁省东南部、吉林省东部和黑龙江省北部、东南部地区,时段Ⅱ中低稳产区面积增加了 4.98 万 km²,低稳产区面积占研究区域面积的比例由 14.70%增加为 20.87%。

8.2.3　玉米光温潜在适宜性的变化

采用第 2 章 2.5.2 节所述适宜性等级划分方法,综合东北三省玉米光温产量潜力的高产性和稳产性,分别计算时段Ⅰ和时段Ⅱ光温产量潜力的高稳系数,确定 1961—2010 年东北三省玉米光温潜在适宜区(见图 8.7 和表 8.3)。从图 8.7 和表 8.3 可以看出,东北三省玉米的光温潜在适宜性总体呈自西南向东北逐渐降低,且黑龙江省北部的大兴安岭和吉林省东部的长白山区最低的分布趋势。与时段Ⅰ相比,时段Ⅱ中光温潜在最适宜区明显缩小,由辽宁省中西部和吉林西部地区收缩至辽宁省西部的叶柏寿、阜新、彰武和吉林省西部的白城、前郭尔罗斯地区,最适宜区面积减少了 13.75 万 km²,最适宜区面积占研究区域面积的比例由 25.98%下降到 5.42%;时段Ⅱ中,辽宁省中西部和吉林省西部由最适宜区变为了适宜区,适宜区由黑龙江省西南部的齐齐哈尔、明水、海伦、绥化一线收缩至安达、哈尔滨以南、以西地区,适宜区总面积增加了 6.97 万 km²,适宜区面积占研究区域面积的比例由 17.61%增加为 26.41%;次适宜区总体分布于辽宁省东南部、吉林省中部和黑龙江省大部地区,次适宜区面积增加了 2.23 万 km²,

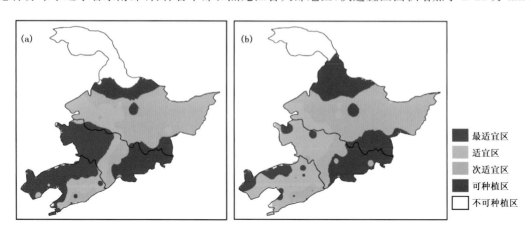

图例:
- 最适宜区
- 适宜区
- 次适宜区
- 可种植区
- 不可种植区

图 8.7　1961—2010 年东北三省玉米光温潜在适宜区的变化

(a)时段Ⅰ;(b)时段Ⅱ

表 8.3　东北三省玉米光温潜在适宜区面积变化

		最适宜区	适宜区	次适宜区	可种植区
时段Ⅰ	面积(万 km²)	17.64	11.95	24.69	13.61
	占研究区域面积比例(%)	25.98	17.61	36.37	20.04
时段Ⅱ	面积(万 km²)	3.88	18.92	26.91	21.95
	占研究区域面积比例(%)	5.42	26.41	37.55	30.62
面积变化	面积(万 km²)	−13.75	+6.97	+2.23	+8.34
	占研究区域面积比例(%)	−20.56	+8.80	+1.19	+10.58

次适宜区面积占研究区域面积的比例由 36.37％增加为 37.55％;可种植区则总体分布于黑龙江省北部的大兴安岭和吉林省东部的长白山区,面积增加了 8.34 万 km²,可种植区面积占研究区域面积的比例由 20.04％增加为 30.62％。

8.2.4　气候变化对光温潜在条件下东北玉米总产可能影响

分别计算东北三省时段Ⅰ和时段Ⅱ中光温潜在条件下可稳定获得的单产,并结合光温潜在条件下各适宜区面积的变化,得到 1961—2010 年东北三省玉米适宜性变化导致的可稳定获得的总产变化(见表 8.4)。从表中可以看出,与时段Ⅰ相比,时段Ⅱ中最适宜区可稳定获得的总产下降了 17431 万 t,下降幅度高达 79.4％,适宜区、次适宜区和可种植区中可稳定获得的总产则均有所增加,但研究区域内可稳定获得的总产平均下降了 2275 万 t,占时段Ⅰ总产的 3.7％。由此可以看出,气候变化导致研究区域内可稳定获得的单产减少,不利于玉米单产的形成;玉米可种植面积增加,且适宜区、次适宜区和可种植区中可稳定获得的产量潜力的总产均增加,但由于最适宜区面积的缩小和单产的降低,总产大幅度减少,导致东北三省光温潜在条件下玉米可稳定获得的总产下降。

表 8.4　东北三省玉米潜在适宜区面积变化导致总产变化　　　　　　(单位:万 t)

	最适宜区	适宜区	次适宜区	可种植区	合计
时段Ⅰ	21962	11805	21523	6611	61904
时段Ⅱ	4531	19241	22733	13124	59629
总产变化	−17431	+7436	+1207	+6512	−2275
总产变化比例(％)	−79.4	+63.0	+5.6	+98.5	−3.7

8.3　雨养条件下玉米优势分区

基于 APSIM-Maize 模型模拟的东北三省玉米雨养产量潜力的平均值、变异系数和高稳系数,结合第 2 章中高产性、稳产性和适宜性分区方法,得到东北三省雨养条件下玉米高产性、稳产性和适宜性的分区。

8.3.1　玉米雨养产量潜力高产性变化

分别计算东北三省各站点时段Ⅰ和时段Ⅱ中雨养条件下产量潜力的平均值,确定 1961—2010 年玉米雨养产量高产性的变化特征(见图 8.8 和表 8.5)。从图 8.8 和表 8.5 中可以看出,玉米雨养产量总体呈现辽宁省大部、吉林省中部和黑龙江省中部最高,辽宁省西部、吉林省西部和黑龙江省大部次之,黑龙江省北部和吉林省东部最低的分布特征。雨养潜在生产水平下,时段Ⅱ较时段Ⅰ中最高产区由辽宁省大部、吉林省中部的四平、长春和梅河口地区,收缩至辽宁省的开源－沈阳－鞍山－大连一线以东和吉林省中南部四平、长春地区,面积减小了 5.78 万 km²,最高产区面积占研究区域面积的比例由 19.88％下降为 10.76％;辽宁省西南部的绥中、兴城、锦州、黑山和吉林省中部的梅河口地区由最高产区变为高产区,高产区在黑龙江省中南部地区有所收缩,而在黑龙江省东部的鹤岗、富锦和佳木斯地区变为高产区,高产区总面积增加了 5.88 万 km²,高产区面积占研究区域面积的比例由 16.73％增加至 24.06％;黑龙江省西部的克山和齐齐哈尔地区由低产区变为次高产区,且次高产区向北向西扩展,总面积增加了 6.93 万 km²,次高产区面积占研究区域面积的比例由 44.53% 增加至 51.85%;低产区在黑龙江省北部由泰来—齐齐哈尔—克山一线向北推移至嫩江—北安—孙吴一线,在吉林省东部向东收缩至东岗—松江—敦化一线以东地区,总面积减少了 3.24 万 km²,低产区面积占研究区域面积的比例由 18.86% 减少为 13.34%。

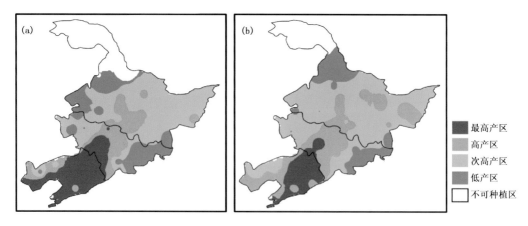

图 8.8 1961—2010 年东北三省玉米雨养产量潜力高产性变化
(a)时段Ⅰ;(b)时段Ⅱ

表 8.5 东北三省玉米雨养产量潜力高产性面积变化

		最高产区	高产区	次高产区	低产区
时段Ⅰ	面积(万 km²)	13.50	11.36	30.23	12.81
	占研究区域面积比例(%)	19.88	16.73	44.53	18.86
时段Ⅱ	面积(万 km²)	7.71	17.24	33.16	9.56
	占研究区域面积比例(%)	10.76	24.06	51.85	13.34
面积变化	面积(万 km²)	−5.78	+5.88	+6.93	−3.24
	占研究区域面积比例(%)	−9.12	+7.32	+7.32	−5.52

8.3.2 玉米雨养产量潜力稳产性的变化

分别计算东北三省各站点时段Ⅰ和时段Ⅱ中雨养产量潜力的变异系数,确定 1961—2010 年玉米雨养产量潜力稳产性的变化特征(见图 8.9 和表 8.6)。由图 8.9 和表 8.6 可以看出,东北三省玉米雨养产量潜力表现为中部地区稳产性最高,并且稳产性向西向东南方向逐渐降低的分布特征。与时段Ⅰ相比,时段Ⅱ中雨养产量潜力最稳产区减少最为明显,由辽宁省东北部的沈阳、本溪、开原、桓仁、清原,吉林省中南部的蛟河、桦甸、梅河口、通化和集安以及黑龙江省中南部和东部的鹤岗、铁力、绥化、通河和尚志地区,缩小至零星分布于辽宁省中东部、吉林省南部和黑龙江省中部、东部,面积减少了 6.25 万 km²,最稳产区面积占研究区域面积的比例由 16.35% 下降至 6.77%;玉米稳产区则明显增加,由于最稳产区的收缩,稳产区在黑龙江省由哈尔滨、海伦、牡丹江地区扩展至中部东部的大部分地区,吉林省中部和辽宁省东北部的最稳产区变为稳产区,稳产区面积增加了 14.25 万 km²,稳产区面积占研究区域面积的比例由

24.62％增加为 43.21％；次稳产区则是黑龙江省东部的富锦、佳木斯、宝清、鸡西地区变为稳产区,但黑龙江省西部的北安、克山、富裕、齐齐哈尔则由低稳产区变为次稳产区,次稳产区面积增加了 1.55 万 km²,次稳产区面积占研究区域面积的比例由 39.23％增加为 39.31％；低稳产区则主要收缩至吉林省西部的白城、通榆、长岭、前郭尔罗斯等地区,面积减少了 5.76 万km²,低稳产区面积占研究区域面积的比例由 19.80％减少为 10.72％。

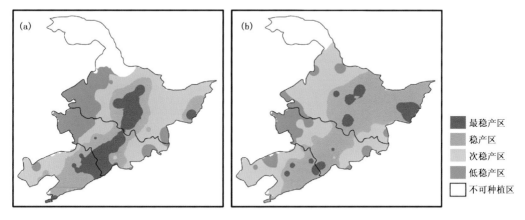

图 8.9　1961—2010 年东北三省玉米雨养产量潜力稳产性变化

(a)时段Ⅰ;(b)时段Ⅱ

表 8.6　东北三省玉米雨养产量潜力稳产性面积变化

		最稳产区	稳产区	次稳产区	低稳产区
时段Ⅰ	面积(万 km²)	11.10	16.71	26.63	13.44
	占研究区域面积比例(％)	16.35	24.62	39.23	19.80
时段Ⅱ	面积(万 km²)	4.85	30.97	28.18	7.68
	占研究区域面积比例(％)	6.77	43.21	39.31	10.72
面积变化	面积(万 km²)	−6.25	+14.25	+1.55	−5.76
	占研究区域面积比例(％)	−9.59	+18.58	+0.08	−9.08

8.3.3　玉米气候适宜区的变化

综合东北三省玉米雨养条件下产量潜力的高产性和稳产性特征,分别计算时段Ⅰ和时段Ⅱ雨养产量潜力的高稳系数,确定 1961—2010 年玉米雨养条件下玉米适宜区及玉米气候适宜性的变化(见图 8.10 和表 8.7)。从图 8.10 和表 8.7 可以看出,玉米气候适宜性最高的区域包括辽宁省大部、吉林省中部和黑龙江省中部,适宜性呈向吉林省东部、黑龙江省东南部和吉林省西部、黑龙江省西部北部降低的分布特征。这一特征是由于南部和中部地区地势平坦、热量资源丰富,而辽宁省和吉林省的西部地区降水量少,黑龙江省大部主要受到热量资源的限制,黑龙江省北部和吉林省东部为大兴安岭和长白山区,不利于玉米的种植和产量的形成。与时段Ⅰ相比,时段Ⅱ中最适宜区明显缩小,由辽宁省大部、吉林省中部的长春、四平、梅河口、蛟河、桦甸地区及黑龙江省中南部的零星分布缩小至辽宁省东北部的沈阳、鞍山、本溪、清原、桓仁等地区,面积减少了 8.00 万 km²,最适宜区面积占研究区域面积的比例由 18.83％减少为

6.67%;除辽宁省东南部的熊岳、岫岩、宽甸地区和吉林省南部的梅河口、通化地区由最适宜区变为适宜区外,适宜区还扩展到了黑龙江省东部的富锦、鸡西、佳木斯、宝清、牡丹江等地区,适宜区面积增加了 14.22 万 km²,适宜区面积占研究区域面积的比例由时段 Ⅰ 的 23.37% 增加为时段 Ⅱ 的 41.99%;黑龙江省西部北安、克山、富裕、齐齐哈尔和安达地区以及吉林省东部的敦化、松江地区由可种植区变为次适宜区,次适宜区面积增加了 3.79 万 km²,其占研究区域面积的比例由时段 Ⅰ 的 37.72% 增加为时段 Ⅱ 的 41.01%;可种植区则由黑龙江省西部北安—克山—富裕—安达和吉林省西部的乾安—通榆一线往西以及吉林省东部的敦化—松江一线往东的地区收缩至黑龙江省北部的嫩江—孙吴一线以北、西部的泰来、吉林省的白城、通榆地区和东部的延吉、长白地区,面积减少了 6.23 万 km²,可种植区面积占研究区域面积的比例由时段 Ⅰ 的 20.08% 减少为时段 Ⅱ 的 10.33%。

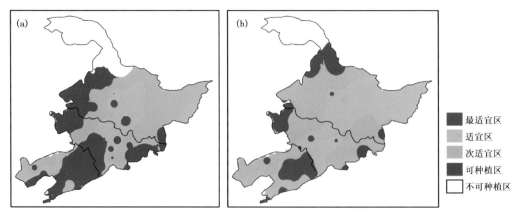

图 8.10 1961—2010 年东北三省玉米气候适宜区变化
(a)时段 Ⅰ;(b)时段 Ⅱ

表 8.7 东北三省玉米气候适宜区面积变化

		最适宜区	适宜区	次适宜区	可种植区
时段 Ⅰ	面积(万 km²)	12.78	15.87	25.60	13.63
	占研究区域面积比例(%)	18.83	23.37	37.72	20.08
时段 Ⅱ	面积(万 km²)	4.78	30.09	29.39	7.40
	占研究区域面积比例(%)	6.67	41.99	41.01	10.33
面积变化	面积(万 km²)	−8.00	14.22	3.79	−6.23
	占研究区域面积比例(%)	−12.16	18.62	3.30	−9.75

8.3.4 气候变化对雨养条件下东北玉米总产可能影响

分别计算东北三省时段 Ⅰ 和时段 Ⅱ 雨养条件下可稳定获得的单产的变化,并结合各气候适宜区面积的变化,得到 1961—2010 年玉米气候适宜性变化导致的总产变化(见表 8.8)。从表中可以看出,与时段 Ⅰ 相比,时段 Ⅱ 中雨养条件下最适宜区可稳定获得的总产下降了 6760 万 t,占时段 Ⅰ 总产的 49.4%;然而,由于面积的增加,适宜区和次适宜区可稳定获得的总产分别增加了 13.9% 和 80.2%;可种植区可稳定获得的总产减少了 1704 万 t,占时段 Ⅰ 总产的

58.3％;研究区域内可稳定获得的总产总体增加了 2.6％。由此可以看出,气候变化背景下,玉米生长季内降水资源的减少,导致雨养条件下可稳定获得的单产减少,不利于玉米单产的形成,而且最适宜区面积明显减少,但由于热量资源的增加导致玉米可种植面积的扩大,特别是适宜区和次适宜区面积的增加,总体上有利于东北三省玉米可稳定获得总产的提高。

表 8.8　东北三省玉米气候适宜区面积变化导致的总产变化　　　　（单位:万 t）

	最适宜区	适宜区	次适宜区	可种植区	合计
时段 Ⅰ	13692	19781	8575	2924	44973
时段 Ⅱ	6932	22523	15448	1220	46123
总产变化	−6760	+2741	+6873	−1704	+1150
总产变化比例(％)	−49.4	+13.9	+80.2	−58.3	+2.6

8.4　实际气候—土壤潜在条件下玉米优势布局

8.4.1　玉米气候—土壤产量潜力高产性变化

分别计算东北三省各站点时段Ⅰ和时段Ⅱ中实际气候—土壤条件下产量潜力的平均值,确定 1961—2010 年玉米气候—土壤条件下产量潜力高产性的变化特征(见图 8.11 和表 8.9)。从图 8.11 和表 8.9 中可以看出,东北三省玉米气候—土壤产量潜力总体呈现自东南向西北方向递减的趋势,黑龙江省西部北部地区、辽宁省东部和吉林省东南部最高。与时段Ⅰ相比,时段Ⅱ中气候—土壤产量潜力最高产区在吉林省东南部地区向北扩展至敦化、松江、东岗地区,面积增加了 2.45 万 km²,最高产区面积占研究区域面积的比例由 11.14％增加到13.96％;高产区在黑龙江省南部地区由哈尔滨—通河以南地区扩展至海伦—铁力—依兰一线以南地区,面积增加了 5.31 万 km²,高产区面积占研究区域面积的比例由 27.50％增加到33.46％;次高产区在黑龙江省中部由泰来—安达—明水—海伦—铁力—鹤岗一线以南地区向北扩展至嫩江—孙吴一线,在吉林省西部地区向东收缩至白城—通榆—双辽一线以东地区,面积总体增加了 2.45 万 km²,次高产区面积占研究区域面积的比例由 41.28％增加到 42.51％;

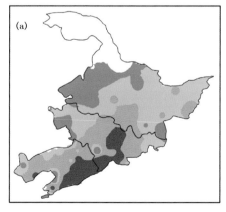
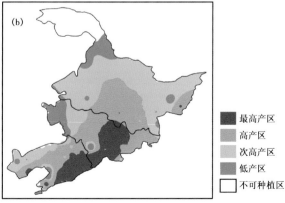

最高产区
高产区
次高产区
低产区
不可种植区

图 8.11　1961—2010 年东北三省玉米气候—土壤产量潜力高产性变化
(a)时段Ⅰ;(b)时段Ⅱ

表 8.9　东北三省玉米气候—土壤产量潜力高产性面积变化

		最高产区	高产区	次高产区	低产区
时段Ⅰ	面积(万 km²)	7.56	18.67	28.02	13.63
	占研究区域面积比例(%)	11.14	27.50	41.28	20.08
时段Ⅱ	面积(万 km²)	10.01	23.98	30.47	7.21
	占研究区域面积比例(%)	13.96	33.46	42.51	10.06
面积变化	面积(万 km²)	2.45	5.31	2.45	−6.42
	占研究区域面积比例(%)	2.82	5.96	1.23	−10.01

低产区在黑龙江北部整体向北收缩至嫩江—孙吴一线以北地区,面积减少了 6.42 万 km²,低产区面积占研究区域面积的比例由 20.08% 减少为 10.06%。

8.4.2　玉米气候—土壤产量潜力稳产性的变化

分别计算东北三省各站点时段Ⅰ和时段Ⅱ中气候—土壤产量潜力的变异系数,确定 1961—2010 年玉米气候—土壤产量潜力稳产性的变化特征(见图 8.12 和表 8.10)。由图 8.12 和表 8.10 可以看出,玉米气候—土壤产量潜力稳产性总体表现为由东南向西北递减的空间分布特征,辽宁省东部和吉林省东南部稳产性最高,吉林省西部和黑龙江省西部地区最低。与时段Ⅰ相比,时段Ⅱ中气候—土壤产量潜力最稳产区变化不明显,面积总体减少了 0.21 万 km²,最稳产区面积占研究区域面积的比例由 13.11% 下降至 12.13%;稳产区则明显增加,吉林省东部地区全部变为稳产区,吉林省中部长春、四平地区由次稳产变为稳产区,在黑龙江省南部由通河—牡丹江一线以南以西地区向北扩展至哈尔滨—绥化—海伦—孙吴一线以东和牡丹江—依兰—鹤岗一线以西地区,面积增加了 9.88 万 km²,稳产区面积占研究区域面积的比例由 22.65% 增加为 35.25%;次稳产区主要在黑龙江省中部北部地区向西北方向移动,由安达—明水—克山一线以东地区向北移动至安达—富裕一线以东地区,面积总体减少 1.95 万 km²,次稳产区面积占研究区域面积的比例由 42.77% 增加为 37.80%;低产区主要向西收缩至黑龙江西部安达—富裕一线以西地区和吉林省西部前郭尔罗斯—长岭一线以西地区,面积减少了 3.95 万 km²,低稳产区面积占研究区域面积的比例由 21.47% 减少为 14.83%。

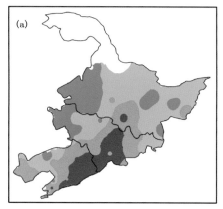
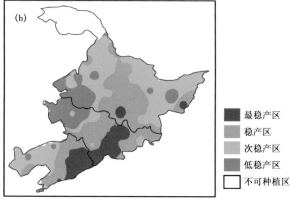

最稳产区
稳产区
次稳产区
低稳产区
不可种植区

图 8.12　1961—2010 年东北三省玉米气候—土壤产量潜力稳产性变化
(a)时段Ⅰ;(b)时段Ⅱ

表 8.10　东北三省玉米气候—土壤产量潜力稳产性面积变化

		最稳产区	稳产区	次稳产区	低稳产区
时段Ⅰ	面积(万 km²)	8.90	15.38	29.03	14.57
	占研究区域面积比例(%)	13.11	22.65	42.77	21.47
时段Ⅱ	面积(万 km²)	8.69	25.26	27.09	10.63
	占研究区域面积比例(%)	12.13	35.25	37.80	14.83
面积变化	面积(万 km²)	−0.21	9.88	−1.95	−3.95
	占研究区域面积比例(%)	−0.98	12.59	−4.97	−6.64

8.4.3　实际气候—土壤潜在条件下玉米适宜区的变化

综合东北三省玉米气候—土壤产量潜力的高产性和稳产性特征,分别计算时段Ⅰ和时段Ⅱ实际气候—土壤条件下玉米产量的高稳系数,确定 1961—2010 年实际气候—土壤条件下玉米适宜区的变化(见图 8.13 和表 8.11)。从图 8.13 和表 8.11 可以看出,东北三省实际气候—土壤条件下玉米适宜性最高的区域主要呈现由东南向西北递减的空间分布特征,最适宜区主要分布于辽宁省东部、吉林省东南部地区。与时段Ⅰ相比,时段Ⅱ中气候—土壤最适宜区空间变化不明显,只在吉林省东部向东扩展至敦化地区,面积增加了 1.38 万 km²,最适宜区面积占研究区域面积的比例由 11.82% 增加为 13.11%;适宜区主要位于黑龙江省中部南部地区、吉林省中部东部和辽宁省中部西部地区,时段Ⅱ中吉林省东部地区均变为适宜区,且适宜区在黑龙江省中部由绥化—通河一线以南地区扩展至海伦—鹤岗—依兰一线以南地区,面积增加了 8.44 万 km²,适宜区面积占研究区域面积的比例由 29.99% 增加为 40.18%;次适宜区和可种植区在黑龙江省西部和吉林省西部地区向西收缩,次适宜区在黑龙江省由安达—明水—北安一线以东地区向北向西扩展至黑河—嫩江一线以南、齐齐哈尔以东地区,面积减少了 1.98 万 km²,次适宜区面积占研究区域面积的比例由 42.00% 减少为 37.02%;可种植区收缩至黑龙江省北部和吉林省西部乾安—长岭一线以西地区,面积减少了 4.05 万 km²,可种植区面积占研究区域面积的比例由 16.19% 减少为 9.68%。

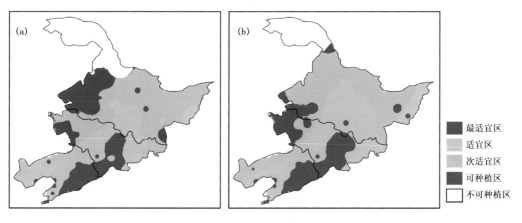

图 8.13　1961—2010 年东北三省实际气候—土壤玉米适宜区变化

(a)时段Ⅰ;(b)时段Ⅱ

表 8.11　东北三省实际气候—土壤条件下玉米适宜区面积变化

		最适宜区	适宜区	次适宜区	可种植区
时段Ⅰ	面积(万 km²)	8.02	20.36	28.51	10.99
	占研究区域面积比例(%)	11.82	29.99	42.00	16.19
时段Ⅱ	面积(万 km²)	9.40	28.80	26.53	6.94
	占研究区域面积比例(%)	13.11	40.18	37.02	9.68
面积变化	面积(万 km²)	1.38	8.44	−1.98	−4.05
	占研究区域面积比例(%)	1.29	10.19	−4.98	−6.51

8.4.4　气候变化对实际气候—土壤潜在条件下玉米总产的可能影响

　　分别计算东北三省时段Ⅰ和时段Ⅱ中实际气候—土壤潜在条件下可稳定获得玉米单产的变化，并结合实际气候—土壤条件下玉米适宜区面积的变化，得到 1961—2010 年东北三省玉米气候—土壤适宜性变化导致的总产变化(见表 8.12)。从表中可以看出，与时段Ⅰ相比，时段Ⅱ中最适宜区面积增加，由此带来可稳定获得的总产增加了 2091.83 万 t，占时段Ⅰ中总产的 27.48%；适宜区和次适宜区可稳定获得的总产分别增加了 24.15% 和 5.25%；可种植区可稳定获得的总产减少了 1740.64 万 t，占时段Ⅰ中总产的 55.40%；研究区域内可稳定获得的总产总体增加了 10.97%。由此可以看出，气候变化背景下实际气候—土壤潜在条件下玉米单产无显著变化，但随着可种植面积的增加，总体上东北三省玉米可稳定获得总产有所提高。

表 8.12　东北三省实际气候—土壤条件下玉米适宜区面积变化导致总产变化　　　　(单位：万 t)

	最适宜区	适宜区	次适宜区	可种植区	合计
时段Ⅰ	7611.01	10877.05	10593.35	3142.20	32223.61
时段Ⅱ	9702.83	13503.62	11149.46	1401.57	35757.48
总产变化	+2091.83	+2626.57	+566.11	−1740.64	+3533.86
总产变化比例(%)	+27.48	+24.15	+5.25	−55.40	+10.97

8.5　降水和土壤条件对玉米优势分区的影响

　　依据第 2 章 2.6.3 节，定义高产性、稳产性和适宜性的 4 个等级，最高产区、最稳产区和最适宜区为 1，高产区、稳产区和适宜区为 2，次高产区、次稳产区和次适宜区为 3，低产区、低稳产区和可种植区为 4，通过分别比较东北三省时段Ⅰ(1961—1980 年)和时段Ⅱ(1981—2010 年)内光温潜在水平与雨养潜在水平、雨养潜在水平与气候—土壤潜在水平下玉米高产性、稳产性和适宜性的差异，找出由于降水和土壤条件影响导致其高产性、稳产性和适宜性级别降低的区域，将其作为降水和土壤条件影响的区域。

8.5.1　降水条件对玉米优势分区的影响

通过比较时段 Ⅰ (1961—1980 年)和时段 Ⅱ (1981—2010 年)内光温潜在水平和雨养潜在水平下玉米高产性、稳产性和适宜性的差异,找出由于降水条件影响导致其高产性、稳产性和适宜性级别降低的区域。

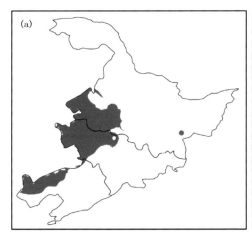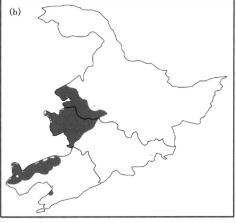

图 8.14　1961—2010 年东北三省降水条件限制下玉米高产性降低的区域

(a)时段 Ⅰ ;(b)时段 Ⅱ

图 8.14 为东北三省由于降水条件限制玉米高产性降低的区域分布。从图中可以看出,时段 Ⅰ 和时段 Ⅱ 内东北三省降水条件限制下,玉米高产性降低的区域均主要集中在辽宁省西北部、吉林省西部和黑龙江省西南部地区。结合 8.2.1 和 8.3.1 节结果可知,时段 Ⅰ 内高产性降低的区域主要由光温潜在条件下的最高产区变为雨养潜在条件下的次高产区和低产区,时段 Ⅱ 内主要由光温潜在条件下的高产区变为雨养潜在条件下的次高产区和低产区。与时段 Ⅰ 相比,时段 Ⅱ 内降水条件限制下,玉米高产性降低的区域缩小了 23.8%。

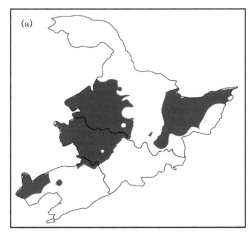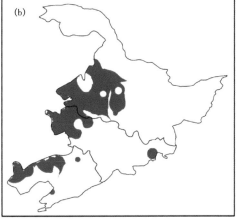

图 8.15　1961—2010 年东北三省降水条件限制下玉米稳产性降低的区域

(a)时段 Ⅰ ;(b)时段 Ⅱ

图 8.15 为东北三省降水限制条件下玉米稳产性降低的区域分布。从图中可以看出,时段Ⅰ和时段Ⅱ内东北三省降水条件限制下,玉米稳产性降低的区域面积均大于高产性降低的区域面积。其中,时段Ⅰ内降水条件限制下,玉米稳产性降低的区域主要分布于辽宁省西部、吉林省西部、黑龙江省西南部和东部地区,结合 8.2.2 和 8.3.2 节的结果可知,该时段内稳产性降低的区域主要由光温潜在条件下的最稳产区变为雨养潜在条件下的次稳产区和低稳产区。与时段Ⅰ相比,时段Ⅱ内黑龙江省东部地区玉米稳产性不受降水条件的影响,且稳产性降低区域面积较时段Ⅰ下降了 45.2%。

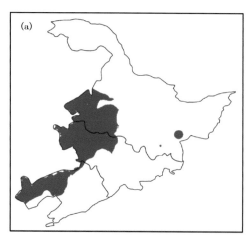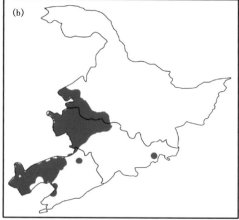

图 8.16　1961—2010 年东北三省降水条件限制下玉米适宜性降低的区域
(a)时段Ⅰ;(b)时段Ⅱ

图 8.16 为东北三省降水条件限制下玉米适宜性降低的区域分布。从图中可以看出,时段Ⅰ和时段Ⅱ内东北三省降水条件限制下,玉米适宜性降低的区域均主要集中在辽宁省西北部、吉林省西部和黑龙江省西南部地区。结合 8.2.3 和 8.3.3 节结果可知,时段Ⅰ内适宜性降低的区域主要由光温潜在条件下的最适宜区变为雨养潜在条件下的次适宜区和可种植区,时段Ⅱ内主要由光温潜在条件下的适宜区变为雨养潜在条件下的次适宜区。与时段Ⅰ相比,时段Ⅱ内降水条件限制下,玉米适宜性降低的区域缩小了 21.3%。

8.5.2　土壤条件对玉米优势分区的影响

通过比较时段Ⅰ(1961—1980 年)和时段Ⅱ(1981—2010 年)内雨养潜在水平和气候—土壤潜在水平下东北三省玉米高产性、稳产性和适宜性的差异,找出由于土壤条件影响导致其高产性、稳产性和适宜性等级降低的区域。

图 8.17 为东北三省土壤条件限制下玉米高产性降低的区域分布。从图中可以看出,时段Ⅰ内东北三省土壤条件限制下,玉米高产性降低的区域主要分布在辽宁省中部西部、吉林省中部南部和黑龙江省西南部地区。结合 8.3.1 和 8.4.1 节结果可知,辽宁省和吉林省的高产性降低的区域主要由雨养潜在生产水平下的最高产区变为气候—土壤潜在生产水平下的高产区,黑龙江省的高产性降低的区域主要由高产区变为次高产区和低产区。与时段Ⅰ相比,时段Ⅱ内土壤条件限制下,玉米高产性降低的区域面积缩小了 26.7%,其中辽宁省中部西部和吉林省中部南部的高产性降低区域有所缩小,黑龙江省西南部不受土壤条件的限制。

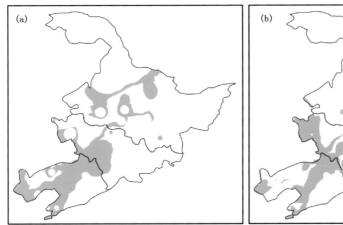
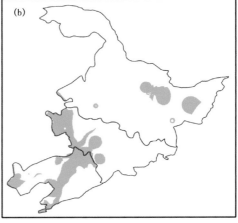

图 8.17　1961—2010 年东北三省土壤条件限制下玉米高产性降低的区域
(a)时段Ⅰ;(b)时段Ⅱ

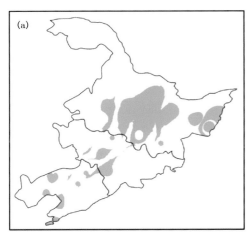
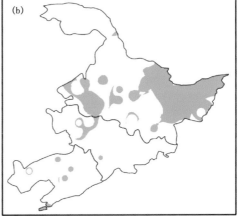

图 8.18　1961—2010 年东北三省土壤条件限制下玉米稳产性降低的区域
(a)时段Ⅰ;(b)时段Ⅱ

图 8.18 为东北三省土壤条件限制下玉米稳产性降低的区域分布。从图中可以看出,时段Ⅰ内东北三省土壤条件限制下,玉米稳产性降低的区域在辽宁省和吉林省中部零星分布,黑龙江省主要分布在中部和东部地区。结合 8.3.2 和 8.4.2 节结果可知,稳产性降低的区域主要由雨养潜在生产水平下的最稳产区和稳产区变为气候—土壤潜在生产水平下的次稳产区和低稳产区。与时段Ⅰ相比,时段Ⅱ内土壤条件限制下玉米稳产性降低的区域扩展至黑龙江省西部地区,且限制面积增加了 10.2%。

图 8.19 为东北三省土壤条件限制下,玉米适宜性降低的区域分布。由图中可以看出,时段Ⅰ内东北三省土壤条件限制下,玉米适宜性降低的区域重要分布于辽宁省中部南部,吉林省中部和黑龙江省中南部地区。结合 8.3.3 和 8.4.3 节结果可知,适宜性降低的区域主要由雨养潜在生产水平下的最适宜区变为气候—土壤潜在生产水平下的次适宜区和可种植区。与时段Ⅰ相比,时段Ⅱ内辽宁省和吉林省内土壤条件限制下,适宜性降低的区域缩小,黑龙江省内的适宜性降低区域移动至东部地区,总面积减少了 9.0%。

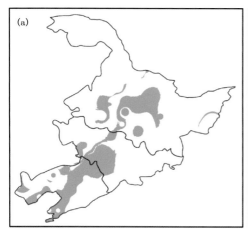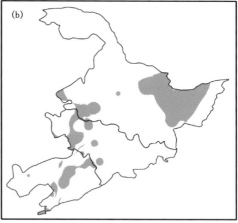

图 8.19　1961—2010 年土壤条件限制下玉米适宜性降低的区域
(a)时段Ⅰ;(b)时段Ⅱ

8.6　小结

气候变化背景下,东北三省光温潜在条件和雨养条件玉米的高产性和稳产性均有所下降,从而使东北玉米的光温潜在条件下的最适宜区和适宜区面积下降了 11.76%,雨养条件下的最适宜区面积下降了 12.16%。但由于热量资源的增加使玉米可能种植面积增加,光温潜在生产水平和雨养潜在生产水平下玉米的总产量总体仍有提升。1961—2010 年玉米气候—土壤潜在生产水平下东北三省玉米的高产性、稳产性、适宜性无显著变化。此外,通过比较光温潜在生产水平和雨养潜在生产水平、雨养潜在生产水平和气候—土壤潜在生产水平下玉米高产性、稳产性和适宜性的变化,明确了降水和土壤条件对东北玉米优势分区的限制区域,为结合各地区实际生产条件下优化种植布局和增产稳产提供科学参考。

参 考 文 献

刘新录,2003.优化布局狠抓重点 全面提高我国玉米产业市场竞争力——刘新录副司长在全国玉米产业论坛会上的讲话提纲[J].玉米科学,(专刊):3-7.

刘志娟,杨晓光,王文峰,等,2009.气候变化背景下我国东北三省农业气候资源变化特征[J].应用生态学报,**20**(9):2199-2206.

王静,杨晓光,吕硕,等,2012.黑龙江省春玉米产量潜力及产量差的时空分布特征[J].中国农业科学,**45**(10):1914-1925.

杨晓光,李勇,代姝玮,等,2011.气候变化背景下中国农业气候资源变化Ⅸ:中国农业气候资源时空变化特征[J].应用生态学报,**22**(12):3177-3188.

杨镇,才卓,景希强,等,2007.东北玉米[M].北京:中国农业出版社.

赵俊芳,杨晓光,刘志娟,2009.气候变暖对东北三省春玉米严重低温冷害及种植布局的影响[J].生态学报,**29**(12):6544-6551.

Benke K K,Pelizaro C,2010. A spatial-statistical approach to the visualisation of uncertainty in land suitability analysis[J]. *Journal of Spatial Science*, **55**(2):257-272.

Dessai S, O'Brien K, Hulme M, 2007. Editorial: On uncertainty and climate change[J]. *Global Environmental Change*, **17**(1):1-3.

Fischer R A, 2015. Definitions and determination of crop yield, yield gaps, and of rates of change[J]. *Field Crops Research*, **182**:9-18.

Grassini P, Thorburn J, Burr C, et al, 2011. High-yield irrigated maize in the Western U. S. Corn Belt: I. On-farm yield, yield potential, and impact of agronomic practices[J]. *Field Crop Research*, **120**(1):142-150.

Zhao J, Yang X, 2018. Distribution of high-yield and high-yield-stability zones for maize yield potential in the main growing regions in China[J]. *Agricultural and Forest Meteorology*, **248**, 511-517.

第9章 东北玉米科学应对气候变化策略

由于作物生产对气候条件的依赖程度很高,其受气候变化的影响较其他行业更为显著(杨修等,2005)。作为我国受气候变化影响最显著的地区之一,东北三省暖干化趋势明显(杨晓光等,2011)。就玉米生产而言,气候条件的变化影响气象灾害和病虫害发生规律,以及作物生育过程、气孔行为、光合作用、水分利用的变化,最终对作物品种布局、生长发育及产量产生重大影响(李少昆等,2010)。因此,制定作物生产应对气候变化策略,需充分考虑土壤条件、作物品种、生产条件水平等多方面的综合作用。基于此,在第3章到第8章明确气候变化对东北玉米影响基础上,综合考虑各因素的作用,提出东北三省玉米科学应对气候变化的策略。

9.1 种植制度调整与品种优化布局

多熟种植制度是耕地有限条件下,满足粮食供给的重要途径之一。在我国,不同熟制的划分主要以热量条件为主导因素,并配合考虑降水和灌溉条件等辅助因素(刘巽浩等,1987)。已有研究结果表明,1951—1980 年,东北地区仅在辽宁省南部少数地区可以种植一年两熟作物,但气候变化背景下随着温度的升高,积温增加,1981—2010 年我国的多熟种植北界不同程度向北推移(杨晓光等,2010)。基于本书第3章的结果可知,气候变化背景下东北三省全年、四季及玉米生长季内的热量资源均呈显著增加趋势,这为东北地区南部的辽宁省部分地区一年两熟种植提供了热量保证。研究表明,与 1951—1980 年相比,1981—2010 年我国东北地区一年两熟的种植北界由辽宁省南部的 $40°1'\sim40°5'N$ 向北推移至绥中—鞍山—营口—大连一线,面积增加了 2700 hm² (Yang et al,2015)。据估算,辽宁省南部地区种植制度如果由一年一熟(春玉米)调整为一年两熟(冬小麦—夏玉米),单位面积作物生产潜力可增加 1979 kg/hm²,相当于单位面积土地周年产量增加 15.3%(李克南等,2010)。因此,在水分条件满足的情况下,提高复种指数是东北地区适应气候变暖的有效途径。未来气候可能进一步变暖,热量条件的不稳定性将进一步改善,在水分条件保障的前提下,提高复种指数带来的产量提高将更加稳定(谢立勇等,2011)。

然而,对东北三省大部分地区而言,热量条件增加仍无法满足一年两熟作物种植需求。一年一熟种植制度下,热量资源的普遍增加在延长作物生长季的同时,又会加快作物的生长发育速率。如果不更替生育期更长的品种,作物生育期缩短,会对作物产量产生负面影响(Olesen et al,2011)。因此,合理优化的品种布局,充分利用增加的热量条件,对位于中高纬度地区的东北三省尤为显著。本书第4章研究结果表明,气候变化背景下玉米可能播种期提前,霜期推迟,生育期更长的中晚熟玉米品种可种植区域向北推移,早熟品种的种植区不断缩小。在保证热量和水分条件下,更替产量潜力更高的中晚熟品种能够有效提高东北玉米产量。基于

1981—2007 年东北农业气象观测试验站典型站点的观测资料,研究时段内玉米生长季每延长 1 d,玉米产量可提升 75.2 kg/hm^2,东北玉米品种布局的改变已提高玉米产量 6.5％～ 43.7％,且仍有 12.0％～38.4％的提升空间(Zhao et al,2015)。

9.2　品种选育

基于气候变化特征下作物品种的选育是当下公认的应对气候变化最行之有效的措施 (Rosenzweig et al,1994)。适应气候变化的新品种选育,不仅能够使作物生长充分利用气候 变化带来的有利影响,也能够增强抗逆性,从而增强作物抵御气候不利影响的能力(谢立勇等, 2011)。大量研究表明,近 30 年来东北气候变化对玉米潜在产量和实际产量均产生不利影响 (Liu et al,2012;吕硕等,2013;Chen et al,2013;Lv et al,2015),但该地区的实际产量却呈上 升趋势,其中,玉米品种更新是实际产量提升的主要贡献者。本书第 5 章研究结果表明,东北 新育成玉米品种通过不断改善营养生长阶段和生殖生长阶段的比例,花后生育期长度比例增 加,花后生物量和总生物量的积累增加,提高玉米光能利用率,从而提高玉米的产量。基于未 来气候变化的特征,东北地区应进一步选育生殖生长期长、花后干物质积累多、百粒重和单穗 粒数高的大穗型玉米品种,以应对未来气候变化的不利影响。

由于东北三省玉米以雨养为主,在热量条件逐渐增加的背景下,降水成为降水偏少的西部 地区以及年际和年内分配波动较大地区制约玉米发展的关键因素。在东北暖干化和极端灾害 事件频发的背景下,玉米生长发育的需水量不断增加,干旱灾害的发生风险增加,尤其是在东 北西部地区。与此同时,中晚熟品种种植区域扩大也使得低温灾害的发生频率增加(赵俊芳 等,2009)。因此,有针对性地选育耐低温和抗旱玉米品种,从而提高玉米的抗灾能力尤为重 要。据调查显示,东北地区干旱条件下种植抗旱玉米品种能够使产量提高 220 kg/hm^2(Yin et al,2016)。此外,品种的选育也应在耐高温、抗病虫害等方面有所突破,并通过改进育种技术, 发掘和利用适应气候变化的新基因型,增强品种的光合能力,充分利用 CO_2 肥效,从而使玉米 品种具有较好的适应性和高产稳产(谢立勇等,2011)。

9.3　耕作栽培措施与农田管理

气候变化对作物生产最显著、最直接的影响是气候波动性和作物生产的脆弱性增大,从而 对农业生产的抗灾、防灾能力建设提出了更高的要求(潘根兴等,2011)。针对气候变化引起的 东北玉米生产中水资源相对不足、延迟型冷害增加等一系列问题,通过改善耕作栽培措施和农 田管理水平,改善农田尺度环境条件,有效利用气候变化的有利影响,避免或减弱其不利影响。 例如,通过加强农田基本建设,推广系统节水、田间灌溉节水、农艺节水、化学节水、管理节水和 生物改良节水等优化配套节水模式,在玉米需水关键期适当补灌,有效缓解干旱的影响(戚颖 等,2007;孟维忠等,2007)。与此同时,加强农业用水的有效管理,加强水利基础设施的建设和 节水农业研究,能够缓解和改善由于气候变化导致的水热配合不协调、极端灾害事件增加等问 题,有效提高防御干旱灾害的能力(刘作新,2004)。

秸秆还田、秸秆覆盖、机械深松和少耕免耕等保护性耕作技术,在抗旱节水和节本增效方 面效果明显,其一方面减少了土壤耕层的碳排放,同时又通过改良土壤结构并增加土壤有机碳,减少能源投入,具有"碳汇"效应,并减少CO_2等温室气体的排放,对适应和减缓气候变化不利影响方面具有一定的效果(谢立勇等,2009;陈阜等,2010)。调研数据表明,东北地区保护性耕作技术在干旱年能够提升玉米产量438～459 kg/hm^2(Yin et al,2016)。此外,随着信息技术的飞速发展,以智能化和自动化为基础的精准耕作技术逐渐在农业生产中推广应用,有效降低农业生产成本的同时,还能有效提高气候变化背景下资源利用效率,应对不利影响,提升产量(谢立勇等,2011)。

9.4 建立健全灾害预警及防控技术体系

气候变化背景下极端灾害事件发生频率和强度增加,对农业生产的影响显著。就我国东北地区玉米生产而言,冷害和干旱是影响该地区玉米产量、造成产量不稳定的主要因素(高晓容等,2014)。本书第7章研究了1961—2010年东北三省玉米干旱和冷害的时空变化规律及其对产量的影响。尽管气候变暖使区域内玉米冷害频率总体表现为减少趋势,但气候要素的波动性增大,局部地区的灾害频率,特别是严重冷害的发生频率可能增大(赵俊芳等,2009,2010),这些都对东北三省的玉米产生了直接影响。

针对气候变化背景下农业气象灾害加剧的趋势,建立健全气象灾害预警及防控技术体系具有重要的现实意义。进一步提高天气预报和气候预测的准确性,有效避免气候变化对农业生产带来的新变化而造成损失。同时,完善影响东北三省玉米生长的农业气象灾害监测评估指标体系,准确及时掌握主要气象灾害的发生规律和影响范围,提升气象灾害监测、预警准确性,提前对灾害发生强度和发生范围进行判断,并建立应急预案,有效减少极端灾害事件带来的产量和经济损失。此外,气候条件变化也会介导病虫害发生和发展,气候变暖可使大部分病虫害的发育历期缩短、危害期延长,危害范围扩大(霍治国等,2012)。因此,温度升高扩大了东北三省受低温限制的一些病虫害的分布范围。结合气象条件变化对病虫害发生、发展趋势准确预测和预警体系的构建,也是未来应对气候变化的重要内容。

与此同时,加强气象灾害防控技术体系研究,在应用玉米抗逆品种基础上,推广应用如坐水播种、育苗移栽、垄作、秸秆或地膜覆盖以及抗旱保水剂和其他化控措施等抗旱抗低温技术,充分利用降水并提高土壤蓄水保水能力和保温效果,从而通过灾害防控技术提高东北三省玉米生产对气候变化的适应能力(杨晓光等,2016)。

9.5 国际应对策略借鉴

气候变化及其对农业生产的影响是当前备受关注的全球性问题。近年来,科学应对气候变化,从而满足日益增长的粮食需求,受到了科学界和政府的普遍关注(Bruin et al,2009)。一项基于世界上已发表的1700个元分析(meta-analysis)研究结果表明,科学合理的适应措施(如更换品种、调整播期、灌溉和残茬管理等)能够平均提升作物产量7%～15%(Challinor et al,2014)。提出最优化的适应措施,充分考虑气候—土壤—作物的综合作用十分关键(Rötter et al,2011;Wang et al,2015)。根据生产的环境条件,优化品种和管理措施(品种×管理×环境),从而有效应对气候变化带来的不利影响。

种植制度的调整和作物品种的选育、选择是应对气候变化最有效的措施。根据气候变化导致的环境条件的平均态和极端态的变化,选育抗逆性强,特别是敏感生育阶段内的抗逆性品种种植(Olesen et al,2011;Semenov et al,2014)。选择与气候条件更加匹配的种植制度,充分利用气候条件变化的积极影响,规避不利气候条件(Semenov et al,2014)。已有研究表明,在全球范围内优化种植布局,不仅可以满足人口增加对粮食的需求,而且能够节省 14% 的自然降水和 12% 的灌溉水资源消耗(Davis et al,2017)。针对气候变化背景下降水减少、CO_2 浓度升高等问题,选育资源利用效率高、光合能力强的品种,提高资源利用效率,增强土壤固碳能力(O'Leary et al,2015)。就田间管理和耕作措施而言,综合生产条件变化调整播期和播种密度最为简单有效(Olesen et al,2011);优化水肥管理,根据区域水资源的变化特征,调整灌溉和施肥投入,提高水分和肥料利用效率;根据气候变化引发病虫害发生规律改变的状况,合理调整应对方案,增加病虫害控制的有效性(Tanaka et al,2015)。

气候变化背景下,单一的措施不足以应对气候变暖引发的不利影响。针对各地区实际的生产实践,综合多项措施十分重要。然而,单项措施之间存在着一定制约作用。例如,干旱地区早熟品种可以缓解水分胁迫的不利影响,但缩短的生育期仍然会造成产量的降低(Semenov et al,2014)。因此,需要根据各地的情况,综合考虑各项应对措施的有效性,进行合理组合,从而制定区域作物生产科学应对气候变化的策略。

参 考 文 献

陈阜,任天志,2010. 中国农作制发展优先序研究[M]. 北京:中国农业出版社.

高晓容,王春乙,张继权,等,2014. 东北地区玉米主要气象灾害风险评价模型研究[J]. 中国农业科学,**47**(21):4257-4268.

霍治国,李茂松,王丽,等,2012. 气候变暖对中国农作物病虫害的影响[J]. 中国农业科学,**45**(10):1926-1934.

李克南,杨晓光,刘志娟,等,2010. 全球气候变化对中国种植制度可能影响分析Ⅲ:中国北方地区气候资源变化特征及其对种植制度界限的可能影响[J]. 中国农业科学,**43**(10):2088-2097.

李少昆,王崇桃,2010. 玉米高产潜力·途径[M]. 北京:科学出版社.

刘巽浩,韩湘玲,1987. 中国的多熟种植[M]. 北京:北京农业大学出版社.

刘作新,2004. 试论东北地区农业节水与农业水资源可持续利用[J]. 应用生态学报,**15**(10):1737-1742.

吕硕,杨晓光,赵锦,等,2013. 气候变化和品种更替对东北地区春玉米产量潜力的影响[J]. 农业工程学报,**29**:179-190.

孟维忠,葛岩,于国丰,2007. 辽西半干旱地区高效节水技术集成模式[J]. 灌溉排水学报,**26**(5):71-74.

潘根兴,高民,胡国华,等,2011. 应对气候变化对未来中国农业生产影响的问题和挑战[J]. 农业环境科学学报,**30**(9):1707-1712.

戚颖,付强,孙楠,2007. 黑龙江省半干旱地区水资源利用程度评价及节水灌溉模式优选[J]. 节水灌溉,(4):7-9;12.

谢立勇,郭明顺,曹敏建,等,2009. 东北地区农业应对气候变化的策略与措施分析[J]. 气候变化研究进展,**5**(3):174-178.

谢立勇,李艳,林淼,2011. 东北地区农业及环境对气候变化的影响与应对措施[J]. 中国生态农业学报,**19**(1):197-201.

杨晓光,刘志娟,陈阜,2010. 全球气候变暖对中国种植制度可能影响Ⅰ:气候变暖对中国种植制度北界和粮食产量可能影响的分析[J]. 中国农业科学,**43**(2):329-336.

杨晓光,李勇,代姝玮,等,2011. 气候变化背景下中国农业气候资源变化Ⅸ:中国农业气候资源时空变化特征[J]. 应用生态学报,22(12):3177-3188.

杨晓光,李茂松,等,2016. 北方主要作物干旱和低温灾害防控技术[M]. 北京:中国农业科学技术出版社.

杨修,孙芳,林而达,等,2005. 我国玉米对气候变化的敏感性和脆弱性研究[J]. 地域研究与开发,24(4):54-57.

赵俊芳,郭建平,张艳红,等,2010. 气候变化对农业影响研究综述[J]. 中国农业气象,31(2):200-205.

赵俊芳,杨晓光,刘志娟,2009. 气候变暖对东北三省春玉米严重低温冷害及种植布局的影响[J]. 生态学报,29(12):6544-6551.

Bruin K d,Dellink R B,Ruijs A,et al,2009. Adapting to climate change in The Netherlands:an inventory of climate adaptation options and ranking of alternatives[J]. *Climatic Change*,**95**:23-45.

Challinor A J,Watson J,Lobell D B,et al,2014. A meta-analysis of crop yield under climate change and adaptation[J]. *Nature Climate Change*,**4**:287-291.

Chen X,Chen F,Chen Y,et al,2013. Modern maize hybrids in Northeast China exhibit increased yield potential and resource use efficiency despite adverse climate change[J]. *Global Change Biology*,**19**:923-936.

Davis K F,Rulli M C,Seveso A,et al,2017. Increased food production and reduced water use through optimized crop distribution[J]. *Nature Geoscience*,**10**:919-924.

Liu Z,Yang X,Hubbard K G,et al,2012. Maize potential yields and yield gaps in the changing climate of Northeast China[J]. *Global Change Biology*,**18**:3441-3454.

Lv S,Yang X,Lin X,et al,2015. Yield gap simulations using ten maize cultivars commonly planted in Northeast China during the past five decades[J]. *Agricultural and Forest Meteorology*,**205**:1-10.

O'Leary G J,Christy B,Nuttall J,et al,2015. Response of wheat growth,grain yield and water use to elevated CO_2 under a Free-Air CO_2 Enrichment (FACE) experiment and modelling in a semi-arid environment[J]. *Global Change Biology*,**21**:2670-2686.

Olesen J E,Trnka M,Kersebaum K C,et al,2011. Impacts and adaptation of European crop production systems to climate change[J]. *European Journal of Agronomy*,**34**:96-112.

Rosenzweig C,Parry M L,1994. Potential impact of climate change on world food supply[J]. *Nature*,**367**:133-138.

Rötter R P,Carter T R,Olesen J E,et al,2011. Crop-climate models need an overhaul[J]. *Nature Climate Change*,**1**:175-177.

Semenov M A,Stratonovitch P,Alghabari F,et al,2014. Adapting wheat in Europe for climate change[J]. *Journal of Cereal Science*,**59**:245-256.

Tanaka A,Takahashi K,Masutomi Y,et al,2015. Adaptation pathways of global wheat production:Importance of strategic adaptation to climate change[J]. *Scientific Report*,**5**:14312.

Wang B,Liu D L,Asseng S,et al,2015. Impact of climate change on wheat flowering time in eastern Australia[J]. *Agricultural and Forest Meteorology*,**209**:11-21.

Yang X,Chen F,Lin X,et al,2015. Potential benefits of climate change for crop productivity in China[J]. *Agricultural and Forest Meteorology*,**208**:76-84.

Yin X,Olesen J E,Wang M,et al,2016. Adapting maize production to drought in the Northeast Farming Region of China[J]. *European Journal of Agronomy*,**77**:47-58.

Zhao J,Yang X,Dai S,Lv S,Wang J,2015. Increased utilization of lengthening growing season and warming temperatures by adjusting sowing dates and cultivar selection forspring maize in Northeast China[J]. *European Journal of Agronomy*,**67**:12-19.